경북의 종가문화 14

양대 문형과 직신의 가문,
문경 허백정 홍귀달 종가

경북의 종가문화 14

양대 문형과 직신의 가문,
문경 허백정 홍귀달 종가

기획 | 경상북도 · 경북대학교 영남문화연구원
지은이 | 홍원식
펴낸이 | 오정혜
펴낸곳 | 예문서원

편집 | 유미희
디자인 | 김세연
인쇄 및 제본 | 주) 상지사 P&B

초판 1쇄 | 2013년 1월 14일

주소 | 서울시 성북구 안암동 4가 41-10 건양빌딩 4층
출판등록 | 1993. 1. 7 제6-0130호
전화 | 925-5914 / 팩스 | 929-2285
홈페이지 | http://www.yemoon.com
이메일 | yemoonsw@empas.com

ISBN 978-89-7646-292-3  04980
ISBN 978-89-7646-288-6(전8권)

값 17,000원

경북의 종가문화 14

# 양대 문형과 직신의 가문,
# 문경 허백정 홍귀달 종가

홍원식 지음

예문서원

무척 놀라운 일이었다. 문광공 허백정 홍귀달 선생의 종가에 대해 집필하기 위해 처음 문경시 영순면 율곡리에 있는 허백정종가를 찾았을 때, 나는 무척 놀랐다. 종가가 없었던 것이다. 그냥 평범한 살림집만 있을 뿐, 당연히 있어야 할 그런 종가가 없었던 것이다. 그 뒤 또 한 번 놀라지 않을 수 없었다. 집필을 위해 이 책 저 책, 이 자료 저 자료를 아무리 뒤져 보아도 종택의 흔적이 없는 것이다. 알고 보니 현 종손의 12대조인 목재 홍여하 때 집이 불탄 이후 300여 년 동안 허백정종가는 종택을 제대로 마련하지 못했던 것이다. 아니 이런 명문가가 '이럴 수가 있나' 하는 생각에 놀라지 않을 수 없었다.

고심할 수밖에 없었다. 본 집필의 기획 의도는 종가를 중심으로 하여 종가의 인물과 유적, 유품 및 생활 문화를 담는 것으로, 그러려면 반듯한 종택이 있어서 그 모두를 담고 있어야 한다. 그런데 종택이 없다니! 무척 당황스럽고 고민스러웠다. '무엇을 담지'라고 고심하던 끝에 '아! 이것이 있지'라고 생각했다. 그걸 담기로 했다. 그건 바로 사람이었다. 허백정종가는 무엇보다 인물이 넘쳐난다. 그것도 주손에서 그렇다. 성종과 연산군 때 두 차례 문형에 올랐던 허백정은 말할 것도 없고, 우암 홍언충 등 그의 네 아들과 4대손 무주 홍호, 5대손 목재 홍여하가 주손의 위치에서 부림홍씨 함창파 허백정종가를 이어 갔던 것이다. 그리고 제대로 된 종택 없이도 500여 년의 가문을 정성으로 묵묵히 잇고 있는 종가 사람들이 있었다. 그들의 생각과 삶을 담기로 하였다.

그 세세한 내용들은 본문 속에서 살펴보기로 하고, 글을 쓰면서 끊임없이 일어났던 물음들, 바로 '집' 그리고 '종가'란 무엇인가에 대해 잠깐 말해 볼까 한다. 언제부터인가 우리들 모두는 집을 잃어버렸다. 현대인들은 좋게 말해 유목민이고, 실은 유랑민이고 부랑민이다. 떠돌고 있다. 몸도 몸이지만 정신이 떠돌고 있다. 정신을 편안히 뉠 집을 잃어버린 것이다. 집은 다만 재산의 첫 번째 목록에만 올라 있을 뿐 집 속은 텅 비어 있다. 그 속에는 나의 삶도 나의 기억도 없고, 그래서 누군가에게 전해 줄 내 삶이나 기억 또한 없다. 오늘날을 사는 우리들은 빨리 그런 집을 마련하여야 한다. 그래야만 내 삶이 '부유浮遊' 하지 않고 '부랑浮浪' 하지 않을 것이기 때문이다. 그 필요성을 종가가 무엇보다 잘 말해 주고 있다고 생각한다.

'종가'. 그것은 글자 그대로 맏집이요, '집 중의 큰 집'이다. 종가는 몇백 년 대를 이어 내려오면서 수많은 사람들의 삶과 그 기억들을 담고 있다. '만약 종가마저 다 사라져 버렸다면'이라 생각하니, 아찔하다. 천만다행이다. 천만다행으로 그나마 종가가 남아 있어서, 영영 되찾지 못했을지도 모를 '집'이란 존재를 현대인들이 기억할 수 있게 해 주고, 찾아 나설 수 있게 해 준다. 하여 본 '종가문화 시리즈'에 대해 강한 애착과 함께 찬사를 보낸다.

그런데 허백정종가는 '집'이 없다. 허백정종가는 수백 년 동안 '종택 없는 종가'를 이어 온 것이다. 그 어려움이 어떠했을까? 지금이라도 하루 빨리 제대로 된 종택이 마련되어야 한다. 꼭 그 집안을 위해서가 아니다. 그렇게 해야 할 가치가 있기 때문이다. 무엇보다 허백정종가는 기억해야 될 사람들과 그들의 삶이 넘쳐 나고 있다. '집'이 마련되지 않으면 그것이 자칫 영영 사라질 것 같은 생각이 든다. 지금 허백정종가는 그것을 귀하디귀하게 생각하며 지켜온 사람들이 살고 있고, 땅을 뒤져 보면 옛 집터도 얼마든지 확인할 수 있으며, 지정문화재로 정해진 것만도 신도비와 청산재 및 『휘찬여사』 목판 등 4종이나 된다. 지금 이 순간에도 텅 비어 있는 집들이 문화재란 명목으로 다시 곳곳에서 복원되고 있는데, 정작 중요한 문화재는 그 속에 산 사람들의 삶과 정신일 것이다. 겉껍데기만 남은 집을 헐었다 지었다를 언제까지고 되풀이할 게 아니라 속 알맹이인 사람과 그들의 삶이며 정신을 담을 그런 집을 지어야 한다고 생각한다. 허백정종가의 종택이 '번듯하게' 서게 될 그날을 고대한다.

2012년 가을날
伊洛齋에서
이훤 홍원식 적다

# 차례

# 제1장 부림홍씨, 함창 땅에 뿌리 내리다

# 1. 예는 함창, 지금은 문경

문경시 점촌읍에서 동쪽으로 읍내를 벗어나자마자 영강潁江을 만나게 되며, 그곳을 건너면 곧장 영순면으로 접어든다. 다시 영순면 소재지 부근에서 923번 지방도를 따라 풍양 방면으로 우회전을 하면 몇 분 지나지 않아 율곡리栗谷里가 나온다. 문광공文匡公 허백정虛白亭 홍귀달洪貴達의 종택은 바로 이곳 율곡리, 밤실마을에 있다. 하지만 여느 반촌과 달리 제대로 된 기와집 하나 눈에 띄질 않아 그냥 지나치기 십상이다. 겨우 발길을 잡는 것은 길가에 세워진 허백정 신도비神道碑 유적 안내판이다. 왼편 야트막한 언덕 위에 서 있는 비각이 바로 그곳이다. 그리고 그 뒤 언덕 위를 올려다보면 문관석이며 여러 석물들을 갖춘 꽤 규모 있어

율곡리 전경

허백정 신도비각

보이는 무덤이 있다. 여기가 성종과 연산군 때 두 차례나 문형文衡을 지낸 대문장가이자 연산조의 직신直臣인 허백정이 묻힌 곳이다. 눈을 돌려 오른편을 보면 낮은 산기슭에 몇 집이 옹기종기 붙어 있는 마을이 있고, 그 사이로 잣나무 한 그루가 외롭게 서 있는 것이 눈에 들어온다. 잣나무 바로 아래에 그의 사당이, 그리고 그 아래에 올 봄 확장을 하면서 손본 그의 종택이 있다.

허백정의 종택과 유택幽宅이 있는 율곡리는 지금 행정구역으로는 문경시 영순면이지만 조선시대에는 함창현에 속하였다. 오늘날 함창읍은 상주시에 포함되어 있는데, 그리고 보면 옛 함창현의 영강 서쪽은 상주시로, 영강 동쪽 영순면 일대는 문경시로 나뉘어 편입되었음을 알 수 있다. 조선시대 때 함창현의 서쪽과 남쪽 및 동남쪽은 상주목과 경계를 이루었고, 북쪽은 문경현, 동북쪽은 예천현, 동쪽은 용궁현과 경계를 이루었다. 그리고 상주목과의 경계 지점에는 삼국시대 때 축조된 것으로 전해지는 공검지, 일명 공갈못이 있다. 공검지는 전북 김제의 의림지, 충북 제천의 벽골제와 더불어 우리나라에서 가장 오래된 저수지로 유명한 곳이다.

지리적으로 보면, 율곡리는 낙동강과 영강이 합류하는 지점에 위치해 있다. 낙동강은 태백산에서 발원하여 봉화를 거쳐 내려오다 안동댐을 지나 안동시에 이르러서 영양과 청송에서 흘러온 임하천을 합하고, 다시 예천 삼강나루에 이르러서는 영주와

예천을 거쳐 흘러온 내성천을 합한다. 이때 서쪽으로 흐르던 물길은 남쪽으로 방향을 틀게 된다. 영강은 문경지역 소백산맥의 희암산과 주흘산, 조령산 골골의 물길을 한데 모아 점촌과 영순 사이를 흐른 뒤 낙동강과 합류한다. 영강을 합한 낙동강은 다시 상주시 낙동에 이르러 팔공산과 화산에서 발원하여 군위와 의성 땅을 거쳐 흘러온 위천을 합하면서 큰 강으로서의 위용을 드러내며 비로소 낙동강이라는 본래의 이름에 걸맞게 된다. 이렇게 낙동강은 영남지방 가운데를 굽이쳐 흐르면서 수많은 물산과 사람들을 실어 날라 그야말로 영남의 대동맥 역할을 하였다.

주흘관 전경

　　한편 허백정 당시의 함창현은 관찰부가 있던 상주목과 서울로의 관문인 조령鳥嶺이 있는 문경현 사이에 위치해 있는 육로의 요충지이기도 했다. 영남의 조세며 수많은 물산과 인물들 7, 8할은 이 길을 지나 한양을 오갔다고 한다. 특히 조령에는 과거를 보러 가는 유생들이 줄을 이었는데, 김천 추풍령을 지나면 추풍낙엽처럼 떨어질까 봐서, 죽령을 지나면 대나무처럼 미끄러질까 봐서 이 문경 조령, 새잿길을 넘었다고 한다. 허백정과 그의 아들, 그리고 후손들도 때론 과거보러, 때론 나랏일로, 때론 귀양살이로 수도 없이 넘었을 고갯길이다.

# 2. 유곡역에 하룻밤을 묵으며

　　허백정이 태어나고 자란 곳은 영순 율곡 땅이 아니다. 그는 지금 상주시 함창읍 이안 부근 여물리에서 태어나 자랐다. 당시 함창현 경계를 지나 문경현으로 접어들면 바로 유곡역幽谷驛이 있었는데, 유곡역은 그가 나서 자란 곳과 매우 가까운 데에 있어 그의 흔적이 많이 남아 있었다. 그는 「유곡관중수기」를 지었으며, 그의 시도 거기에 걸려 있었던 모양이다. 그는 기문에서 다음과 같이 적었다.

　　　조령 남쪽 60여 주는 지역이 넓고 인구와 물산이 많은데, 그 수레와 말들이 모두 유곡의 길로 모여들어서야 서울로 갈 수 있

비석거리(역대 유곡역찰방 등의 공덕비가 줄지어 서 있다)

유곡도찰방비

고, 서울에서 남으로 내려가는 사람도 이곳을 지나야 한다. 이 역을 사람으로 비유하자면 곧 영남의 목구멍이다. 목구멍에 병이 나면 음식을 통과시킬 수 없고, 음식이 통과하지 못하면 목숨 부지하기를 바랄 수 있겠는가.

당시 유곡역은 요성聊城, 낙동洛東, 안계安溪, 지보知保 등 모두 18개 역을 관할하는 꽤 큰 역이었으며, 찰방이 그것을 관할하였다. 허백정의 아들들이 부친의 사건에 연루되어 줄줄이 거제도 유뱃길을 떠날 때에도 이곳 유곡역을 거쳐 갔다. 모친은 충격 속에 세상을 뜨고 부친은 참살된 마당에 부친의 기문과 시를 바라보는 그 마음이 어떠했을까? 그의 넷째 아들 우암 홍언충은 끝내 유곡역을 그냥 지나치질 못하고 시 한 수를 남긴다.

한 베개 맑은 바람 외로운 객관 안,
늙은 느티나무 아래에서 박주 석 잔 기울였네.
이번 걸음에 살아옴을 내 어이 생각하랴,
만 가지 일들일랑 유유하게 하늘 뜻에 붙이련다.
一枕淸風孤館裏　　三杯薄酒老槐邊
此行不料生還日　　萬事悠悠只付天

그는 먼저 진안현에 유배되었다가 다시 취조를 받고 거제도로 떠나는 길이었다. 진안으로 유배될 때 이미 한 치 앞을 내다볼 수 없는 운명을 슬퍼하며 손수 자신의 만사까지(「自挽詞」) 다 써 두었던 터이다. 만사에다 그는 "세상에 태어나 서른두 해를 살다 끝마치니, 명은 어찌 이다지도 짧고 뜻은 어찌 이다지도 긴가. 옛 무림茂林 땅에 묻히니, 푸른 산은 위에 있고 굽이치는 강물은 낭떠러지 아래에 있도다. 천추만세에 그 누군가 있어 반드시 이 들판을 지나다가, 손가락 가리켜 서성대며 깊이 슬퍼하리라"라고 적었다. 정녕 그러한 군자가 있었으니, 바로 이행李荇이다. 그는 뒷날 유곡 들을 지나다 벗 홍언충의 옛집을 바라보며 애달픈 마음을 전한다.

홀로 유곡 들을 지나며                           獨過幽谷野
오래 전 우암군을 추억하노라.                     遠憶寓庵君
청산의 푸른빛 가리키며                           指點靑山色
갈림길에 서서 차마 발길을 떼지 못하노라.          臨岐不忍分

청산은 바로 우암 홍언충이 묻힌 곳이다. 이행은 옛 벗 우암이 묻힌 청산을 바라보며 발걸음을 옮기지 못하고 있다. 그는 우암 및 그의 형제들과 평생 도우로 지낸 사람으로 거제도에서 귀양살이도 함께 하면서 많은 시들을 남겼다. 뒤에서 다시 자세히 살펴보기로 한다.

# 3. 임호서원과 근암서원의 유현들

옛 함창현 일대에 유명한 서원으로 임호서원臨湖書院과 근암
서원近嵒書院이 있다. 이곳 서원에는 각각 5인과 7인이 배향되어
있는데, 이들은 이 지역 출신이거나 연고를 둔 조선시대 초중기
의 대표적인 유현들이다.

먼저 임호서원은 1693년(숙종 20) 공검지 북쪽 오봉산 기슭에
홍귀달과 표연말表沿沫, 채수蔡壽, 권달수權達手 4인을 모신 서원으
로 창건되었고, 뒤에 채무일蔡無逸이 추향되었으며, 대원군에 의
에 훼철된 뒤 1989년 상주시 함창읍 신창리로 옮겨 복원되었다.
표연말(1449~1498)은 본관이 신창新昌, 호가 남계藍溪이며, 김종직金
宗直의 제자이다. 1472년 문과에 급제한 뒤 관직이 동지중추부사

임호서원 전경

까지 올랐다. 무오사화戊午士禍(1498)에 연루되어 경원으로 유배를 가던 도중 죽었으며, 갑자사화甲子士禍(1504) 때 부관참시 당했다.

채수(1449~1515)는 본관이 인천, 호가 나재懶齋로 초시와 복시, 전시에서 모두 장원한 보기 드문 인물이며 관직이 대사성, 충청도 관찰사, 호조참판에까지 이르렀다. 중종반정中宗反正(1506)에 가담하여 분의정국공신奮義靖國功臣에 올랐다. 그는 불교와 도교 색채가 짙은 소설 『설공찬전』을 지은 잘못으로 탄핵을 받은 뒤 고향 함창으로 물러나 쾌재정快哉亭을 짓고서 지내며 여생을 마쳤다.

권달수(1469~1504)는 본관이 안동, 자가 통지通之, 호가 동계桐溪이며, 1492년 문과 급제하여 관직이 수찬과 교리에 이르렀다. 1504

사당 내부

년 연산군이 생모 윤씨 사당을 세워 모시려 하자 선왕의 뜻이 아님을 내세워 불가함을 말하였고, 이 때문에 용궁으로 유배된 뒤 다시 압송되어 취조를 받다 죽었다. 그의 부인도 슬퍼하며 굶어 죽었는데, 본가가 바로 허백정종택이 있는 율곡이었다. 채무일 (1496~1556)은 호가 휴암休巖이고, 채수의 손자이다. 1540년 문과에 급제하여 이조정랑 등의 관직을 지냈다. 고모부인 김안로金安老의 미움을 받아 남해로 유배되기도 했다.

　위에서 볼 수 있다시피 허백정 홍귀달을 위시하여 표연말과 채수, 권달수, 채무일은 1500년을 전후한 사화 시기 함창 일대에 연고가 있는 대표적인 유현들로 사화에 직접 화를 당하거나 관계

된 인물들이다. 태어나고 대과 급제를 한 때, 그리고 관직생활 등을 볼 때, 이 중에서도 허백정은 맨 앞자리를 차지하고 있다. 세조와 성종 무렵에 와서 영남의 사림들이 하나둘씩 과거를 통해 중앙정계로 진출하기 시작하였는데, 함창 일대에서 그 물꼬를 튼 인물이 바로 허백정이다. 곧 허백정 이후 비로소 함창 일대에서는 유풍儒風이 일어나고, 뒤이어 유현과 중앙관직 진출자들이 나타나기 시작한 것이다.

근암서원은 1665년(현종 6) 현 문경시 산북면 서중리에 우암寓菴 홍언충洪彦忠(1473~1508)을 모시는 서원으로 창건된 뒤 바로 뒤이어 1669년 한음漢陰 이덕형李德馨(1561~1613)을, 1693년에는 사담沙潭 김홍민金弘敏(1540~1593)과 목재木齋 홍여하洪汝河(1620~1674)를, 1786년(정조 10)에는 활재活齋 이구李榘(1613~1654)와 식산息山 이만부李萬敷(1664~1733), 청대淸臺 권상일權相一(1670~1750)을 추가 배향한 7인 종향 서원이다. 대원군 때 훼철되었으며, 1970년대에 한 차례 복원되었다가 2011년 전면적으로 새롭게 복원되었다. 홍언충만 조선 전기 때의 인물이고 나머지 여섯 명은 모두 조선 중기 때의 인물들이다. 이덕형은 관료로서 영의정까지 지냈고, 김홍민은 임진왜란 때 의병장으로 크게 활동하였으며, 홍여하는 역사학자로, 이구와 이만부, 권상일은 성리학자로 이름을 떨쳤다. 위 임호서원에 홍귀달이 배향되고 근암서원에 그의 아들인 홍언충과 5세손인 홍여하가 배향된 것에서 당시 함창 및 인근 상

근암서원 전경

주와 문경, 예천 일대에 있어서 그들 가문이 가졌을 위상과 명성
을 쉽사리 짐작할 수 있다.

# 4. 부림홍씨 함창파의 입향과 선대

    허백정 홍귀달의 본관은 부림缶林이며, 그는 부림홍씨 10세이다. 부림홍씨는 당나라 때 중국에서 건너온 당홍唐洪 계열로, 남양南陽홍씨와 같은 뿌리였으나 고려조에 홍란洪鸞이 부림 땅에 살게 되면서 후손들은 이를 관향으로 쓰기 시작하였다. 부림은 오늘날 경북 군위군 부계면 한밤마을 일대(대율리, 동산리, 남산리)로, 이곳에는 신라시대 때 부림현이 있었다. 고려 초에 부계缶溪로 이름이 바뀌었으며, 고려 현종 9년 때 상주尙州에 소속되었고, 그 뒤 선주善州에 포함되었다가 공양왕 때 의흥현義興縣에 소속되면서 폐현廢縣되었다.

    부림홍씨는 홍란 이후의 상계가 실전되어 고려 중엽 직장直

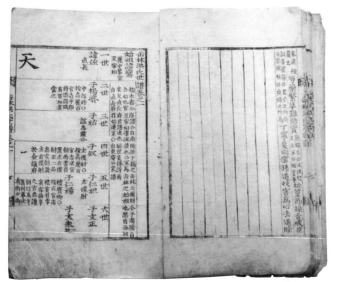

『부림홍씨세보』

長을 지낸 좌佐를 기세조로 하여 1세로 삼는다. 2세는 중랑장中郞
將을 지낸 양제楊濟이고, 3세는 충숙공忠肅公 우우佑이며, 4세는 좌복
야左僕射를 지낸 서敍이다. 서는 인단仁袒과 인석仁裼 두 아들을 두
었는데, 5세인 인석과 그의 아들 대에 상주 땅으로 옮겨 와 살면
서 그 후예들은 함창파咸昌派라 불리게 되었다. 그 시기는 고려
말엽인 1300년 전후로 추정된다.

　　인석은 예빈경禮賓卿을 지냈으며, 6세인 그의 아들 문영文永
은 내시사內侍史를 지냈다. 7세 순淳은 고려조 때 문과를 거쳐 관

홍순의 묘(부림홍씨 7세, 사재시감)

직이 사재시감司宰寺監에 이르렀으며, 조선조 때 호조참의를 증직
받았다. 8세 득우得禹와 9세 효손孝孫은 허백정 홍귀달의 현달로
각각 이조참판과 병조판서를 증직 받았으며, 득우 때 상주에서
함창 땅으로 옮겨왔다. 이렇게 부림홍문 일파가 상주와 함창으
로 옮겨와 정착하게 된 데에는 이곳 토착가문인 상산김문商山金門
과 깊은 연관이 있다. 6세 문영의 처가 상산김씨 김언金彦의 딸이
고, 7세 순의 처도 상산김씨 부사府使 김중양金中養의 딸이며, 8세
득우의 처 또한 같은 상산김씨 군수郡守 김이소金履素의 딸이요,
바로 허백정의 처 역시도 같은 상산김씨인 것을 보면 그 사실을
분명하게 알 수 있다. 인석과 문영의 묘는 지금 실묘失墓하였으

며, 순의 묘는 문경시 공평동에, 득우의 묘는 함창 서쪽 검부리에 있다. 집안에 전해오는 얘기로 7세인 사재시감 순의 묏자리는 지관이 보리만석꾼이 나는 자리를 원하는지 육정승이 나는 자리를 원하는지 묻자 육정승이 나는 자리를 원한다고 해서 정해 준 곳이라고 한다. 8세 득우가 함창으로 옮겨 와서 산 곳은 공검지 주변 이안利安의 여물리余物里(속칭 여무리)였다. 여물리는 당시 양적리羊積里로 불리기도 했다. 허백정은 바로 이곳에서 태어나 자랐으며, 어릴 적 인근에 있는 외가친척 남파거사南坡居士 김온교金溫嶠에게 수학하였다.

# 5. 곡절 많은 허백정종가의 계승

　　문광공 허백정 홍귀달은 부림홍씨 10세로, 그의 아버지는 효손孝孫이며 어머니는 안강노씨安康盧氏 부사직副司直 집緝의 딸이다. 효손은 귀통貴通과 귀달貴達 두 아들을 두었다. 허백정은 언필彦弼과 언승彦昇, 언방彦邦, 언충彦忠, 언국彦國 다섯 아들을 두었는데, 맏이인 언필은 일찍 죽었으며, 나머지 네 아들 중 언방과 언충은 문과 급제를 하여 관직에 나아갔고 언승과 언국도 관직에 나아가거나 관직을 제수 받았다. 이렇게 3부자가 문과 급제를 하고 5부자가 모두 관직을 제수 받은 것은 그야말로 가문의 더없는 영광으로, 당시 그의 가문은 상주 일대는 물론 영남의 명문사족으로 일약 발돋움하여 전국적으로도 명문의 반열에 들기에 손색이 없었다. 그러나 빛이 있으면 그림자가 있게 마련인지, 연산군의 광포함은 집안을 일순간 풍비박산시키고 말았다. 이에 따라 종가의 종통계승도 많은 곡절을 겪게 된다.

허백정의 맏이인 언필이 일찍 죽음에 따라 둘째인 언승이 가통을 계승하는 게 마땅하나 사정은 그렇질 못하였다. 언승은 복명復明과 복창復昌 두 아들을 두었으며, 광주廣州이씨 준암樽巖 이약빙李若氷이 그의 사위였다. 그러나 이약빙이 1547년 사화 때 죽으면서 언승의 두 아들도 인척으로 몰려 함께 죽게 되어 대가 끊기고 말았다. 셋째인 언방은 완琬과 염琰, 개玠 세 아들을 두었는데, 맏이인 완이 아들이 없어 언국의 손자, 곧 경삼景參의 둘째 아들인 덕희德禧가 뒤를 잇게 되었다. 넷째인 언충은 망지望之, 연지憐之, 민지憫之 세 아들을 두었으나, 모두 일찍 죽어 대를 잇지 못하였다. 다섯째 언국은 경삼景參과 경민景閔 두 아들을 두었으며, 경삼은 덕록德祿과 덕희 두 아들을 두었는데, 앞에서 말한 바와 같이 덕희는 언방의 아들 완에게로 출계하였다. 이렇게 하여 허백정의 후손은 셋째 언방과 다섯째 언국 두 아들만으로 이어졌으며, 언방과 언국의 후예들은 각각 먼갓(遠枝)파와 밤실(栗谷)파로 불리게 되었다. 먼갓파의 후손들은 말응리와 율곡 1리에, 밤실파의 후손들은 율곡 2리와 문경 호계, 함창 척동 일대에 집성촌을 이루며 살아오고 있다. 이들 마을은 문경시와 상주시, 예천군의 접경지대로 모두 거리가 그다지 멀지 않은 곳이다.

그런데 특이하게도 허백정의 가통은 셋째 언방이 아닌 다섯째 언국으로 이어지게 된다. 이러한 종통계승의 모습은 후대에게서도 나타난다. 언국과 경삼을 이은 덕록은 처약處約과 호鎬, 집鏶, 발鐱 네 아들을 두었는데, 처약이 무후하여 둘째인 호가 가통을 이어받게 되며, 다시 무주無住 홍호洪鎬는 여렴汝濂, 여하汝河, 여면汝沔 세 아들을 두었는데, 맏이인 여렴이 아들이 없어 여하의 둘째 아들인 상민相民을 양자로 받아들인다. 하지만 허백정의 종통은 둘째인 목재木齋 홍여하洪汝河가 이어받는다. 목재 이후부터 종통계승은 비로소 여느 가문들과 같이 장자에게로 이어진다.

　　위에서 본 바와 같이 허백정 홍귀달에서 목재 홍여하까지의 가통과 종통의 계승에서 차자次子계승이 이루어진 것은 특이한 일로, 조선 중엽까지는 아직 장자계승이 완전히 자리 잡지 못했음을 보여 주는 좋은 실례여서 학문적 연구의 대상이 될 수 있겠다. 한편으로는 사화와 당쟁의 거친 파고를 넘어온 가문의 힘든 역사도 그것과 무관하지 않을 수 있겠다. 이해를 돕기 위해 허백정에서 목재까지의 종통계승을 표로 정리해 보면 다음과 같다.

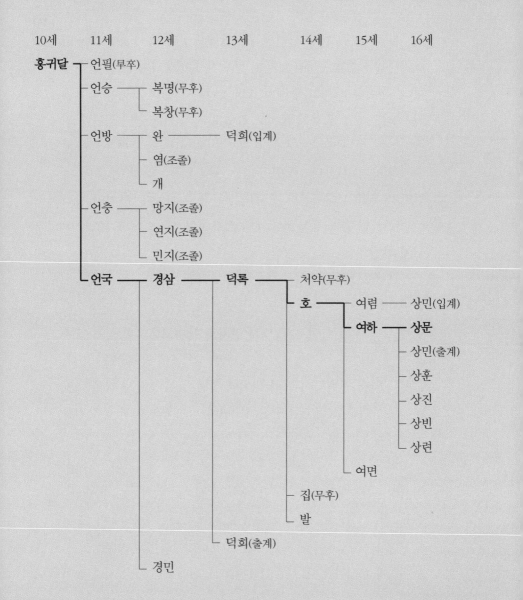

| 10세 | 11세 | 12세 | 13세 | 14세 | 15세 | 16세 |

**홍귀달** ┬ 언필(무후)

언승 ─── 복명(무후)

복창(무후)

언방 ─── 완 ─── 덕희(입계)

염(조졸)

개

언충 ─── 망지(조졸)

연지(조졸)

민지(조졸)

**언국** ── **경삼** ── **덕록** ── 처약(무후)

**호** ── 여렴 ─── 상민(입계)

**여하** ── **상문**

상민(출계)

상훈

상진

상빈

상련

여면

집(무후)

발

덕희(출계)

경민

부림홍문은 10세 허백정 홍귀달에서 15세 목재 홍여하에 이르기까지 5명의 문과급제자를 낳으면서 명문가의 반열에 우뚝 섰다. 연이은 사화와 당쟁의 소용돌이에 휩쓸려 가문마저 보존키 어려운 지경에 빠져 들기도 하였으나, 충신과 열녀 집안에 뒤가 없다고 누가 말하였던가! 부림홍문, 직신直臣의 후예들은 목재 생전 집마저 불탄 뒤 3백 년이 넘는 세월 동안 반듯한 집 한 채 마련하지 못한 상태에서도 꿋꿋이 종통을 이어왔다. 하지만 사정이 이러하니 종가 유물들이 제대로 보전되기는 기대하기조차 어렵게 되었다.

15세 목재 홍여하는 상문相文, 상민相民, 상훈相勛, 상진相晉, 상빈相賓, 상연相連 여섯 아들을 두었는데, 앞에서 말한 바와 같이 둘째 상민을 백부 여렴汝濂에게 양자로 들여보내고 자신이 가통을 잇게 되었다. 허백정으로부터 세면 그가 5세손 6대째가 된다. 그런데 앞서 말했듯이 그의 생전에 살던 집이 불타는 액운을 맞게 된다. 이후 그의 후손들은 300년이 넘도록 반듯한 종갓집을 마련하지 못한 채 그야말로 '종택 없는 종가'를 이어오게 된다.

일단 상문 이후 종통계승은 장자를 통해 이어진다. 상문이 허백정종가 7대가 되고, 대귀大龜와 호길虎吉, 윤석錫胤, 학연學淵, 종표宗標, 기섭箕燮, 치수致洙, 종헌鍾憲, 용락龍洛, 두영斗榮이 그 뒤를 이었으며, 엽爗이 현재 허백정종가 18대째를 잇고 있다. 이 가운데 9대 호길과 10대 석윤, 11대 학연, 14대 치수가 양자로 들어

온 것을 보면, 종가계승이 순탄치 않았으며 후손이 크게 번성치 못하였음을 알 수 있다. 또한 이것이 종갓집을 다시 마련하지 못한 이유 중 하나가 아닌가란 생각도 든다. 18대 종손 홍엽 씨를 만나 얘기해 보니 그의 오매불망 한결같은 바람도 다름 아닌 이 집안의 300년 한을 푸는 것이었다.

# 제2장 허백정 홍귀달

# 1. 생애와 저술

허백정虛白亭 홍귀달洪貴達은 1438년(세종 20) 경북 상주시 함창읍 여물리(당시 咸昌縣 羊積里)에서 태어났으며, 1504년(연산군 10) 손녀를 궁중에 들이라는 왕명을 어긴 죄로 경원慶源에 유배되었다가 다시 취조를 위해 한양으로 압송되던 도중 6월 22일 단천端川에서 교살絞殺되었다. 자는 겸선兼善이고, 호는 허백정 또는 함허정涵虛亭이며, 본관은 부림缶林(일명 缶溪)이다. 그는 부림홍씨 10세로, 시조는 고려조 때 재상을 지낸 란鸞이지만 이후 세계가 일실되어 고려 중엽 직장直長을 지낸 좌佐를 기세조로 삼는다. 5세 인석仁碩과 6세 문영文永 때 부림(현 경북 군위군 부계면)에서 상주尚州로 이거하였다가, 7세 순淳을 거쳐 8세 득우得禹 때 다시 함창咸昌

으로 이거하였다. 이로 말미암아 5세 인석 이후를 부림홍씨 함창 파라 부른다. 득우는 허백정의 조부이며, 효손孝孫은 그의 아버지 인데, 그의 현달로 각각 이조참판과 병조판서를 증직 받았다. 효 손은 귀통貴通과 귀달 두 아들을 두었다.

허백정은 7세 때 근처 남율리南栗里에 사는 외척 김온교金溫嶠에게서 글을 배우기 시작하였다. 이때 그는 늘 도끼를 품고 다 니며, 집으로 돌아올 때면 송진을 따와서 밤늦도록 불을 밝혀 공 부하였다고 한다. 또 버선을 아끼기 위해 집을 나서면 몰래 벗어 들고 맨발로 다녔다는 일화도 전한다. 10세 때에는 주백손에게 서 『논어』를 배웠고, 20세 때 상산尙山김씨와 결혼하였다. 22세 때 진사가 되고, 23세 때 성균관에 유학한 뒤 24세 때인 1461년(세 조 7) 강릉별시江陵別試 문과에 급제하였다. 이후 그는 세조, 예종, 성종, 연산군 4대에 걸쳐 관직을 지냈는데, 대사헌을 거쳐 성균 관대사성, 홍문관대제학을 지냈으며, 이조와 호조, 공조의 판서 를 두루 역임하고 의정부 좌우참찬을 지냈다. 외직으로는 경주 부윤과 충청, 강원 및 경기 관찰사를 역임하였다.

그는 25세(1462, 세조 8) 때 승문원박사로 관직을 시작하여 세 조 때에는 예문관봉교, 시강원설서, 공조정랑, 예문관응교 등을 지냈고, 예종 때에는 예문관교리를 지냈다. 30세 때인 1467년(세 조 13) 5월 이시애李施愛가 난을 일으키자 함경도절도사 허종許琮 의 천거로 병마평사兵馬評事가 되었으며, 난을 진압한 후 군공으로 공조정랑을 제수 받았다. 이어 성종 때 예문관학사(33세)를 시작으로 예문관전한(34세), 전라도안찰사(35세), 직제학(38세), 승정원동부승지(39세), 도승지(41세), 충청도관찰사와 형조참판(42세), 한성우윤(43세), 이조참판과 강원도관찰사(47세), 형조참판(48세), 경주부윤(49세), 대사헌(52세), 성균관대사성(54세), 의정부좌참찬과 이조판서(56세), 호조판서(57세) 등의 관직을 지냈다.

허백정은 34세 때 『세조실록』의 편찬에 참가하였으며, 35세 때는 전라도안찰사로 다녀오면서 시 70여 수를 지어 『남행록』으로 묶었다. 39세(1476) 때에는 원접사遠接使 서거정徐居正의 종사관從事官으로 중국 사신 기순祁順 등을 맞이하여 문재文才를 한껏 드러냈다. 42세 때 남산 아래에 '허백정虛白亭'을 짓고 살았으며, 44세(1481) 때에는 천추사千秋使로 중국 사행을 다녀왔다. 이때에도 그는 여러 수의 기행시를 남겼다. 52세 때 부친상을 당하여 시묘살이를 하면서 삼년상을 치렀다. 56세 때 다시 정조사正朝使로 뽑히게 되자 병으로 사임을 청하다가 탄핵을 받기도 하였다. 57세(1494, 성종 25) 12월 성종이 승하하자 삼도감제조三都監提調가 되어 국상을 주관하였다.

연산군 때 허백정은 의정부우참찬(58세)을 시작으로 공조판서(60세) 등의 관직을 지냈으며, 61세 때인 1498년(연산군 4) 무오사화로 좌천되었다가 곧 우참찬에 복직하였고 여러 관직을 거치다가 다시 무고로 삭직되어 경기도관찰사(66세)로 나갔다. 67세 때인 1504년(연산군 10, 갑자년) 경기도관찰사 재임 중 왕명을 거역했다는 죄로 유배되었다 끝내 죽임을 당하였다. 그는 성종 때에 이어 연산군 때도 홍문관대제학을 겸함으로써 두 차례에 걸쳐 문형文衡을 지냈다. 또 58세 때인 1495년(연산군 1) 원접사遠接使가 되어 명나라 사신 김보金輔 등을 맞이하였으며, 이후에도 한 차례 더 원접사를 맡았다.

연산군 즉위 초 허백정은 두터운 신임을 받았으며, 무오사화 때에도 잠시 파직되었을 뿐 크게 화를 입지 않았다. 그는 김종직金宗直과 그의 제자인 조위曹偉, 김일손金馹孫 등 이른바 영남사림파 출신 관료들은 물론 훈구척신들과도 원만한 관계를 유지함으로써 연산군 때에도 별 무리 없이 관직생활을 이어갔다. 그러나 연산군이 정사는 내버려둔 채 점차 방탕하고 포악해지는 것을 보고는 이를 바로잡기 위해 연이어 간언과 상소를 올렸고, 이로 인해 오히려 점점 더 눈 밖에 나게 되어 결국 죽음을 맞이하기에 이르렀다. 저술로는 『성종실록』 편찬에 참가한 뒤에 지은 「수사기修史記」, 왕명으로 성현成俔, 권건權健과 함께 펴낸 『역대명감歷代明鑑』(62세), 권건과 함께 펴낸 『속동국보감續國朝寶鑑』(63세), 윤필상尹弼商 등과 함께 펴낸 『구급이해방救急易解方』(65세) 등이 있다.

1504년 허백정이 화를 당하자 그 충격으로 처 상산김씨가 세상을 떴으며, 언승彦昇, 언방彦邦, 언충彦忠, 언국彦國 4형제는 모두 거제도로 유배되었다. 2년 뒤인 1506년 중종반정中宗反正으로

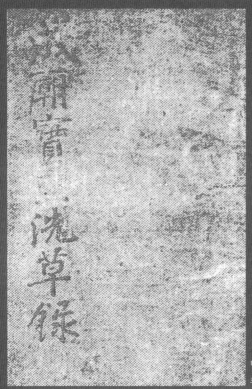

成廟濾草錄

弘治七年十有二月我
成宗康靖大王賓于天
嗣王殿下舜文大李牟臣
追上尊諡越明年五月
皇帝遣使賜諡既又禮官
啓曰我
先王二十六年之治憂越千古宜直
成實典昭示永世
教曰可於是設局於品德宮之議
政府其官堂上八即廳廿有八始
事校木年十月訖于巳未二月萬卷
於三百九十七既粧繡以進承政院路
祖宗朝故事修史官宰賜宴于議政
府又有洗草會洗草云者盖修史
畢將塗抹木草臨流洗去之也
命皆如例三月初六 賜宴于議政府
十四洗草于莊義門外遵日巖之上
幷遣內官承旨 賜宴吁紫宸莪既
醉歸諸臣相與語曰世各有史修史
例事也然就有如我
成宗之理乎修是史者非享歟盍畵
而以存不朽代是列書姓名各為軸
今之前淺官共九十三咸顫戴戴我
叙于外不得與會者數十人嘻人事
不可常卒如是亦可感也已
　　　　洪貴達撰

양산서원 전경(홍로 주향, 경북 군위)

연산군이 쫓겨나고 중종이 즉위하면서 아들들은 모두 유배에서 풀려나고, 이듬해인 1507년 선친의 유해를 수습하여 함창현 율곡의 선영 아래에 모셨다. 허백정에게는 의정부좌찬성이 추증되고 '문광文匡'이라는 시호가 주어졌다. 1535년(중종 30) 홍문관대제학 남곤南袞이 찬하고 아들 언국이 글씨를 쓴 신도비가 그의 묘소 앞에 세워졌다. 그의 문집은 1611년 우복愚伏 정경세鄭經世의 서문을 붙여 외현손外玄孫 최정호崔挺豪가 구례에서 간행하였으며, 문집 속집은 1843년 정재定齋 류치명柳致明의 후서를 붙여 후손 인찬麟璨이 간행하였다. 1691년(숙종 17) 함창의 임호서원臨湖書院에 배향되었으며, 1786년(정조 10)에는 선향先鄕인 대율大栗(한밤)의 양산서원陽山書院에 종향되었다.

허백정 신도비문

홍문관대제학 남곤은 허백정의 신도비문에서 그를 다음과
같이 평하였다.

일찍이 듣건대 국가가 태평지세이고 화숙和淑한 기운이 돌면,
사람이 나면 반드시 그 용모가 우뚝하고 그 기국이 확 트이며
그 포부가 넓고 크며 그 수립함이 뛰어나고 원대하다. 이와 같
은 이가 세상에 일찍이 있지 아니함은 아니나 대개 그 수가 많
지 않다. 그런 사람이 다행히 그 시대에 높이 등용되면 단정히

조정에 앉아 임금으로 하여금 성군이 되게 하고 백성들로 하여금 인수仁壽한 삶을 누리게 해 줄 것이다. 혹 그가 만약 불행을 만나 감옥에 갇히는 욕을 보게 되더라도, 형벌을 받아 죽음에 이르게 되더라도 마다하지 않을 것이다. 옛 역사에서 찾아보면 진陳의 예대부曳大夫가 있었으니 『춘추』에 그의 죽음이 기록되어 있으며, 조趙의 두명독竇鳴犢이 있었으니 공자께서 그를 지조가 있다고 하였다. 우리 조선에서 그러한 분을 찾아보면 찬성공이 그러하다.

또한 전라도관찰사 정경세는 『허백정문집虛白亭文集』 서문에서 그를 다음과 같이 평하였다.

내가 고故 판서 허백정 홍공의 글을 보고서 이른바 '큰 절개'라고 하는 것을 얻었으니, 간언을 거부하는 것에 대해 논하고 사냥하는 일에 대해 논한 두 상소가 그것이다. 바야흐로 연산군이 음란하고 포악한 짓을 하던 날에는 제멋대로 법도를 어그러뜨리고 방자하게 예법을 무너뜨려 사람을 희롱거리로 삼고 살인을 장난거리로 삼으면서, 논사論思하는 신하를 물리치고 간쟁하는 신하를 파직하였으며 말이 혹 귀에 거슬릴 경우에는 한꺼번에 몰아다가 쳐 죽였다. 그 흉포한 위세는 감히 범할 수가 없었으니, 비유하자면 울부짖는 호랑이가 이빨을 갈고 으르렁거리면서 기세를 잔뜩 돋우고 사람을 향해 다가오는 것만 같았다. 그런데도 능히 올곧은 의론을 주장하면서 반복하여 개진해서 임금이 하고자 하는 바를 저지시키되, 마치 다스려진 조정에서 홀笏을 단정히 들고 서서 현명한 임금과 더불어 논하듯이 하였다. 백 년의 세월이 흐른 지금 붓을 잡고 종이를 펴매, 정신이 한가롭고 안색이 바르게 되어 눈앞에 벌여진 형구刑具 보기를 마치 좋은 관직자리 보듯이 하는 기상이 사람들의 눈앞에 있는 것만 같으니, 아, 장엄하기도 하다.

공이 포악한 임금이 마구 으르렁거리는 아래에서도 죽지 않은 것은 단지 임금의 거리끼는 마음이 간간이 발했기 때문이었으며, 끝내 먼 변방에 유배되어 곤경을 당하다가 죽은 것은 이치와 형세에 있어서 필연적인 것이었다. 그런데도 이 세상 사람들 가운데에는 혼란한 시대에 임금을 따르다가 아무런 보람도 없이 괜스레 죽었다는 것으로 공에 대해 탄식을 토하는 자가 있다. 하지만 이것은 권도權道로 대처하지 못함을 비난하는 말일 따름이다. 성묘成廟에게 받은 은혜는 저버릴 수가 없고, 몸을 맡긴 신하로서의 의리는 잊을 수가 없다. 그러니 필부처럼 도망치는 짓은 할 수가 없고, 기색을 보고 미리 떠나가는 지혜는 쓸 수가 없었던 것이다. 그런즉 마땅히 곧은길을 향하여 곧장 나아가기만 할 뿐 다른 길이 없으매 단지 하나의 '사死' 자만이 천명에 따라 그 몸을 편안히 하는 바탕이 되니, 보탬이 되고 보탬이 되지 않음은 따질 겨를이 없었다. 그러한 때를 당하여 만약 단지 죽는 것만을 경계할 뿐이었다면, 구차스러운 얼굴로 임금의 뜻에 영합해서 걸桀과 같이 사나운 임금을 도와 포악한 짓을 하며 살아남기 위한 일이라면 못할 짓이 없었을 것이다. 그러나 이것은 공이 크게 싫어하던 바이다.

아, 그 시대를 논하고 그 행적을 상고해 보매 큰 절개가 이와 같으니, 교묘한 솜씨로 아름답게 문장을 꾸며 사람들의 입에 회자되게 하는 것쯤이야 공에게 있어서는 여사餘事이며, 임금의 계책을 윤색해 다듬어서 한 시대의 종장이 되는 것은 다른 사람도 할 수 있는 일이다. 공자가 이르기를 "영무자甯武子의 지혜는 미칠 수가 있으나 그의 어리석음은 미칠 수가 없다"라고 하였으니, 이 말이 어찌 평온한 세상에서 자신의 직임을 다하기는 쉬우나 위태로운 시기에 자신의 절개를 다하기는 어렵다는 뜻이 아니겠는가. 나 또한 이제 참람스럽게도 공에 대해 평하기를, "성묘成廟의 이름난 재상이 되는 것은 쉬우나 폐주廢主의 곧은 신하가 되는 것은 어려우며, 화려한 문장을 짓기는 쉬우나 소박한 간언을 말하기는 어렵다"라고 말한다. 백 년이 지나고 천 년이 지난 뒤에 공의 시를 읽고 공의 글을 읽는 자라면 반드시 나의 말이 거짓이 아님을 징험할 수 있을 것이다.

# 2. 두 차례 문형에 오르다

허백정 홍귀달은 성종 때와 연산군 때 홍문관대제학을 지냈다. 두 차례나 문형文衡의 자리에 오른 것은 무척 드문 경우로, 그 자신은 물론 부림홍문缶林洪門에게도 더없는 영광이었다.

먼저 그는 55세 때인 성종 23년(1492)에 홍문관대제학이 되어 문형의 자리에 오른다. 당시 상황을 좀 자세히 보면, 서거정徐居正이 아주 긴 시간 동안 문형의 자리에 있다 어세겸魚世謙이 그 뒤를 이어받았는데, 그가 상을 당하여 자리가 비게 된 것이다. 당시 의견은 분분하였다. 공석으로 비워 두었다가 상을 마치면 복위시키자는 의견부터 직위가 높은 자 가운데 뽑아야 한다는 주장과, 직위가 낮아도 상관이 없으며 적임자가 있다면 직위를 높여서라도 뽑아야 한다는 주장까지 그야말로 각양각색이었다. 후보자로 거론된 인물은 여럿이었다. 허백정을 위시하여 노공필盧公弼, 노사신盧思愼, 류순柳洵, 성현成俔, 권건權健, 신종호申從濩 등이 바로 그들이다. 실록에 그 자세한 내용이 나오는데, 마침내 1492년(성종 23) 3월 19일 성종은 "홍귀달에게 직위를 승진시켜 문형을 담당하는 직임을 제수하도록 하라"라는 전교를 내린다. 당시의 사신史臣은 다음과 같이 논평하고 있다.

> 대제학은 문형을 담당하는 자이다. 노공필은 문사文詞가 부족하나 직위가 상당하다고 하여 제수하니, 사람들이 모두 마음에 만족하게 여기지 않았다. 이때에 와서 체임시키고 홍귀달을 제수하였는데, 홍귀달은 젊어서부터 저술에 마음을 두어 시문이 뛰어났으므로 사람들이 모두 잘되었다고 하였다.

그러나 그는 대제학의 자리에 오래 있지 못하였다. 이듬해인 1493년 8월 정조사正朝史로 낙점되자 그는 병을 이유로 사피辭避를 청하였다. 곧 "이제 신을 정조사로 삼았으나, 신은 옛날부터 풍질風疾이 있었으며 병증이 하나만이 아닌 데다 치료하여도 큰 효력이 없어 어렵게 직무에 종사하니, 조경朝京하는 먼 길에는 명을 받들지 못할까 두렵습니다"라고 사피를 청하였던 것이다. 성종은 "병이 이와 같으면 개차改差하라"라고 전교하였지만, 그에 대한 조정의 비판이 계속되어 그해 10월 그는 끝내 이조판서의 직에서 파면되고 말았다. 정확히 언제 그가 대제학의 자리에서 내려오게 되었는지는 모르지만, 1494년(성종 25) 3월 18일 어세겸에게 다시 홍문관대제학의 직을 내린 것을 보면 성종 시기 그의 첫 대제학 재임 기간은 무척 짧았다고 하겠다. 이해 겨울 성종도 승하하게 된다.

연산군 때 허백정이 언제 다시 홍문관대제학이 되었는가에 대한 기록은 실록 등의 사서에는 정확히 실려 있지 않다. 그렇지만 행장에 그가 1498년 무오사화로 좌천되었다가 문형에 복직한 사실이 실려 있으며, 실록 1500년(연산군 6) 6월 29일조에 경연관과 대제학의 자리에서 체직된 내용이 나온다. 이렇게 보면 그는 어세겸과 대제학 자리를 주고받기를 거듭했던 것으로 여겨진다.

일찍이 허백정의 문명을 드날린 결정적 계기가 된 사건은 원접사 서거정의 종사관이 되었던 39세 때의 일이었다. 당시 명나라의 행인行人 왕헌신王獻臣을 수행한 기순祁順이 조선 측 문사들의 기를 누르기 위해 장문의 등루부登樓賦를 지어 60운을 내자 서거정이 허백정에게 수창酬唱토록 하였는데, 무난히 이를 해내어 모두를 놀라게 하였던 것이다. 기순은 성격이 교만하였으나 이 일로 허백정을 오랜 친구로 여겨 조선에서 사신이 갈 때면 늘 그의 소식을 물었다고 한다. 이때의 글은 허백정의 문집과 『황화집皇華集』에 실려 있다. 『황화집』은 영조 때 왕명으로 편찬된, 중국의 사행인들과 수창한 시문을 엮은 책이다.

허백정의 문재는 사실 아주 일찍부터 드러났다. 그가 어렸을 때(6세) 주위 어른들이 연구聯句의 시를 지으라고 했더니 즉석에서 "새가 꽃나무 가지에 앉으니, 가지가 움직이기도 하고 움직이지 않기도 한다"(鳥坐花枝, 或枝動不動)라고 읊었는데, 이때 '혹或'자를 쓴 것을 보고서 어른들이 모두 감탄하며 앞으로 훌륭한 문장가가 될 것이라고 말했다고 한다. 이 일화는 이제신이 지은 『청강선생후청쇄어淸江先生鯫鯖瑣語』에 전한다. 또한 신도비문에는 허백정이 문과에 급제하였을 때 고시관이 "우리의 의발衣鉢을 전할 자는 반드시 이 사람일 것이다"라고 말했다는 일화가 적혀 있으며, 이조에서 그를 영천군수에 발령하자 서거정이 "홍모는 문한을 담당하기에 적합하므로 외직을 보임하는 것은 옳지 않다"라는 계啓를 올려 특별히 예문관전한 겸 홍문관전한으로 임명하게 되었다는 기록도 적혀 있다. 한편 어숙권魚叔權이 찬한 『패관잡기稗官雜記』에는 "김시습金時習이 영동을 유랑하다 양양부襄陽府에 이르렀을 때 누각에 걸려 있는 시를 읽고는 '어떤 놈이 이런 시를 지었는고' 하면서 읽을 때마다 욕하기를 그치지 않았는데, 한 편의 시에 이르러 '이 녀석의 것은 조금 낫군' 하더니 그 이름을 보고는 '과연 귀달의 시로군'이라 하였다"라는 일화가 실려 있다. 이 모두 허백정의 문재가 특출하였음을 전하는 내용들이다.

# 3. 직신, 결국 화를 입다

연산군 즉위 초 허백정은 왕으로부터 꽤 신임을 받았던 것 같다. 실록에 뜻밖의 내용이 실려 있어 옮겨 본다.

1495년(연산군 1, 을묘) 10월 14일, 윤필상 등이 정승 후보로 어세겸을 추천하니 어필로 홍귀달을 쓰다

윤필상·신승선·윤호가 아뢰기를, "신들에게 정승이 될 만한 자를 의논하라고 명하셨는데, 대신 이상으로서 삼공이 될 만한 자는 전하께서 아시는 바이니, 성상 마음에서 결정하실 것이옵지, 신 등의 말을 기다릴 것 있겠습니까?" 라 하니,

전교하기를, "나도 생각하는 바가 있지만 반드시 의논을 모으

려는 것은 경들의 의사가 과연 나의 의사와 합치되는가를 시
험하려는 것이니 사양 말고 의논하라" 하였다.

필상 등이 어세겸魚世謙의 이름을 써서 아뢰니,

전교하여 이르기를 "이는 원래 내가 주의한 자이다"라 하고,

또 어필로 홍귀달의 이름을 써서 내려 보내며 이르기를 "이 역
시 가하지 않겠는가?" 하였다.

필상 등이 아뢰기를, "귀달은 벼슬길에 나온 것이 신들보다 뒤
지기 때문에 자세히 모릅니다. 세겸은 신이 자세히 알기 때문
에 아뢴 것입니다"라고 하니,

전교하기를, "경들의 의사를 내가 이미 잘 알았다" 하였다.


그 후 3년 뒤인 1498년 무오사화가 일어났을 때에도 허백정
은 큰 화를 입지 않았다. 무오사화는 『성종실록』 편찬과 관련하
여 김종직金宗直이 쓴 「조의제문弔義帝文」을 그의 제자 김일손金馹
孫 등이 사초史草에 포함시킨 일이 발단이 되어 일어났다. 허백정
은 『성종실록』의 편찬에 참가하고 있던 참이었으며, 더욱이 김종
직과는 생전에 같은 영남 출신으로 도우로서 친밀한 관계를 맺었
고 그의 신도비문까지 써준 사이인 데다가 이 사건에 연루되어
참형을 당한 김일손이나 유배형을 당한 조위曺偉 등과도 친밀하
게 지냈던 터여서 화를 입을 여지가 컸다. 그럼에도 그는 무오사
화 때 잠시 파직되었다가 곧장 복직되었다. 이때까지만 해도 어

찌 보면 그에 대한 연산군의 신임이 두터웠다고 할 수 있다. 그러나 이전에도 그랬지만 그는 무오사화 후 연산군의 난정과 폭정이 더욱 심해지면서 혼자 혹은 조정의 여러 신하들과 함께 상소를 거듭 올렸으며, 경연에서는 직간을 멈추지 않았다. 이때 올린 대표적인 상소로 「구유생소救儒生疏」(1495), 「청종간소請從諫疏」(1496), 「청물거간소請勿拒諫疏」와 「청파타위소請罷打圍疏」(1499), 「의정부진폐소議政府陳弊疏」와 「정부소政府疏」(1500) 등이 있다.

상소와 직언의 주요 내용은 파탄에 빠진 백성들의 고충을 시급히 들어줄 것, 민생은 돌보지 않은 채 종묘에 제사지낼 제수를 마련한다는 명목으로 사냥에만 골몰하는 것을 중단할 것, 사치의 풍조를 막고 재정지출을 줄일 것, 불교배척을 요구하는 유생들을 벌주지 말 것, 경연에 불참하는 일이 없도록 할 것, 간언을 귀담아 듣고 간관을 내치지 말 것 등이다. 그 중에서도 특히 강조한 내용 중의 하나는 언로를 막지 말라는 것이었다.

언로는 인주가 이로 말미암아 좋은 정치를 행할 수 있는 길입니다. 언로가 넓으면 천하의 착한 일이 모두 이로 인하여 들어오고, 들어와서는 나의 소유가 되는 것입니다. 천하의 입이 모두 나의 과실을 말할 수 있으므로, 선은 남에게 막히지 아니하고 악은 나에게 머물지 아니하게 됩니다. 이렇게 하고서 나라가 다스러지지 않을 수는 없는 것입니다. 언로가 막히면 상하

가 막히고 끊어져 인주는 귀머거리와 같이 들리는 것이 없고
소경과 같이 보이는 것이 없으므로, 선이 남에게 있어도 취할
줄을 모르고 악이 나에게 있어도 버릴 줄을 모르게 됩니다. 이
렇게 되고서야 아무리 나라를 다스리려고 한들 되겠습니까?

그러나 연산군이 가장 싫어했던 것이 바로 간언이었던 만큼
언로를 열어 둘 리 만무했다. 왕은 이미 귀도 마음도 닫은 상태였
다. 그는 간언을 신하들이 무리지어 자신을 비방하는 것이라고
여겼으며, 모두들 뒤에서는 자신을 헐뜯고 있다고 생각하였다.
그럴수록 신하들의 간언은 더욱더 극진해졌다. 이때 간언에 나
섰던 인물들의 대부분은 결국 뒷날 큰 화를 입게 된다. 허백정도
그 중의 한 사람이어서, 마침내 연산군의 눈 밖에 나고 만다. 그
사이를 난신들이 파고들면서 그는 품계가 강등된 채 경기도관찰
사로 밀려나게 되었다. 그는 그 직에 재임하면서도 상소를 계속
하며 백성들의 실정을 전하였다. 그러던 차에 언국의 딸, 바로 그
의 손녀를 궁중에 들이라는 명을 거역하는 사건이 일어난다. 그
때의 사건을 사극 보듯 생생히 떠올리기 위해 실록에 적힌 내용
을 시간 순으로 그대로 전한다.

1504년(연산군 10, 갑자) 3월 11일
경기관찰사 홍귀달이 아뢰기를, "신의 자식 참봉 홍언국의 딸

이 신의 집에서 자랍니다. 처녀이므로 예궐詣闕하여야 되는데, 마침 병이 있어 신이 언국을 시켜 사유를 갖추어 고하게 하였더니 관계 관사에서 예궐하기를 꺼린다 하여 언국을 국문하게 하였습니다. 진정 병이 있지 않다면 신이 어찌 감히 꺼리겠습니까? 지금 비록 곧 들게 하더라도 역시 들 수 없습니다. 언국의 딸이기는 하지만 신이 실은 가장이기로 대죄待罪합니다"라 하니,

전교하기를, "언국을 국문하면 진실과 허위를 알게 될 것이다. 아비가 자식을 위하여 구원하고 아들이 아비를 위하여 구원하는 것은 지극히 불가한 일이니, 귀달도 함께 국문하라"라고 하였다.

이어 승정원에 전교하기를, "귀달의 아뢴 말이 옳으냐, 그르냐? 이런 말을 승정원에서 입계入啓하니 어쩐 일이냐? 아울러 승정원도 국문하라" 하였다.……

또 귀달에게 전교하기를, "누가 곧 입궐하라 하였기에 이런 패역한 말을 하느냐? 그 불공함이 이세좌가 하사주를 기울어 쏟은 죄와 다름이 없다. 대신이 이런 마음을 가지고서 관찰사의 소임을 할 수 있겠느냐? 그 직첩을 거두라" 하였다.……

승정원에 전교하기를, "귀달이 대신이니 백관의 사표라 할 수 있는데, 이런 불공한 말을 아뢰었다. 대저 대신이 재상이노라 하지 않고 그 마음을 경계하고 조심하면 신진 선비들이 역시

본받게 될 것인데, 그 위를 업신여김이 세좌와 같다. 승정원에서는 어떻게 생각하는가?'라고 하였다.……

자건 등이 아뢰기를, "귀달이 필시 그 아들이 죄를 입을까 두려우므로 와서 구원한 것입니다. 또한 '비록 곧 들게 하시더라도 예궐할 수가 없습니다' 하는 말은 지극히 불공합니다. 신들이 지금 전교를 듣고 놀라는 마음 이를 데 없습니다"라고 하였다.

전교하기를, "군신의 분의分義는 엄히 하지 않을 수 없다. 군신의 분의가 엄하지 않으면 상하가 문란하여 이적夷狄이나 다를 것이 없다. 이러므로 자주 전교와 전지를 내려 폐습을 없애려는 것인데, 그럭저럭 고쳐지지 않고 오늘에 이르렀다.…… 신하로서 죄가 무엇이 불경보다 크겠는가?…… 이 때문에 이어 대간이나 재상 된 자들이 서로 붕당이 되어 인군을 위에 고립되게 하니, 이렇게 하기를 그치지 않는다면 우리나라의 오래되고 먼 왕업王業이 반드시 장차 떨어지고 말 것이다. 앞서 무오년 붕당의 무리들이 이미 중한 벌을 받았으니 앞 수레의 엎어짐을 역시 거울삼아야 할 터이나, 그런 폐습이 다 없어지지 않고 아직도 남아 있으니 없애지 않을 수 없다. 물에 비한다면 아직 터지지 않았을 때에는 둑을 쌓아 막을 수 있지만 무너져 넘친 뒤에는 사세가 막을 수 없는 것이다. 예전에 이르기를 '네가 면대하여서는 따르고 물러가서는 뒷말하지 말라' 하였는데, 재상들이 항상 인군의 앞에서는 모두들 '인군의 명은 죽어도 피할 수 없다' 하지만 물러가게 되면 말과 사실이 다르니 이 어찌 되겠는가? 지금 귀달이 이처럼 아뢰게 것은 대개 이세좌가 공경스럽지 못한 죄를 범했는데도 중한 죄로 다스리지 않았기 때문이다. 이런 패역한 말은 친구간이라도 좀 높은 자에게는 감히 하지 못할 것인데 하물며 인군의 앞에서이겠는가? 국문하라" 하였다.……

사헌부에서 아뢴 귀달의 추안推案을 내려 보내며 이르기를, "귀달이 그 아들 언국의 죄 입을 것을 두려워한 것이나, 그 '딸자식이 병이 있어 낫지 않았으니, 비록 곧 명하여 들게 하더라도 아마 예궐할 수 없을 것입니다' 라는 말은 아들을 비호한 뜻이 확실하니 시추時推로 조율調律하라. 대저 부자간이 전쟁 때라면 서로 구원해야 하겠지만 이런 일에 있어서는 서로 구원하는 것이 마땅하지 않다" 라고 하였다.

1504년(연산군 10, 갑자) 3월 13일
의금부가 아뢰기를, "홍귀달의 죄는 참대시斬待時에 해당합니다" 하니,
전교하기를, "사형을 감하여 장杖으로 속바치고, 부처付處하라" 하였다.
또 전교하기를, "재상이 귀양갈 땐 낭청郎廳이 압령해 가는 것

은 역시 전례가 있다. 그러나 경한 죄를 범한 것이라면 가하되, 귀달과 같이 분한 마음을 품고 말이 불공에 관계된 사람은 그 죄가 이와는 유가 다르다. 낭청으로 하여금 압령해 가게 하는 것은 재상의 체모를 돌봄이니, 귀달은 옥졸로 하여금 압령해 가게 하는 것이 어떤가?'라고 하였다.

1504년(연산군 10, 갑자) 3월 13일

이계동 등에게 전교하기를, "이세좌가 대신으로서 불경죄를 범하였으니 무릇 재상 된 자는 의당 세좌로 경계를 삼아야 할 것인데, 홍귀달이 그 아들을 비호하려고 한 말이 불공하여 위를 능멸하기를 이와 같이 하였다. 귀달로 말하면 한때의 사표였던 사람으로 학문이 높았으니 어찌 사리를 모른다 할 수 있겠는가? 또 말의 불공함이 이렇기 때문에 죄주기를 이와 같이 한 것이다. 귀달이 선왕조를 섬겨 오며 직위가 재상의 중임에 이르렀는데, 내 내에 와서 죄주기를 이렇게 하게 되니 마음에 편할 수 있겠는가? 그러나 나는 대신을 존중하는데 대신이 나의 마음을 알지 못하고 업신여김이 이러하니, 지금 위를 능멸하는 풍습을 고치고자 하므로 죄를 주고 용서하지 않는 것이다. 그 배소를 써서 아뢰라" 하였다.

의금부에서 경원慶源·강계江界·삭주朔州 세 고을을 써서 아뢰니,

전교하기를, "새 고을로 가는 데 얼마나 걸리는가?" 하였다.

의금부에서 아뢰기를, "경원은 19일, 강계는 15일, 삭주는 11일 거리입니다"라 하니,

전교하기를, "경원으로 유배하라" 하였다.


1504년(연산군 10, 갑자) 3월 13일

전교하기를, "홍귀달의 추국이 어찌 이렇게 느린가? 이도 필시 재상이기 때문에 이러는 것이니, 모두 위를 업신여기는 풍습이다. 의금부 당상을 불러 이 말을 하라. 또 귀달은 이미 직첩을 거두었으니 재상의 준례로 할 것이 아니다. 옥에서 목에 자물쇠를 채웠는가?"라 하였다.


1504년(연산군 10, 갑자) 3월 14일

전교하기를, "이세좌·홍귀달이 불경죄를 범하였으니, 모두 왕도王都에 돌아오지 못할 자이다. 도중에서 반드시 병을 칭탁하여 지체할 것이며, 또한 연도의 수령이나 찰방들도 반드시 실어다 주며 위로해 보낼 것이니, 유시를 내려 그렇게 하지 말도록 하라"라고 하였다.


1504년(연산군 10, 갑자) 3월 14일

대사헌 홍자아, 대사간 최인, 장령 경세창, 정언 신봉로가 아뢰

기를, "홍귀달 역시 불경죄를 범하였는데, 사형을 감하여 장형
杖刑으로 속바치게 하셨습니다. 이런 큰 죄인을 마땅히 율律대
로 죄주지 않고 다만 경원으로 귀양 보내게 하셨으니, 신 등은
율에 의하여 논단할 것을 청합니다"라고 하니,

전교하기를, "세좌와 귀달이 다 중한 죄를 범했다. 그러나 세
좌는 내가 손수 술잔을 주었는데 엎질러 쏟고 마시지 않았고,
귀달은 그 아들을 구원하려다가 말이 불공을 범하게 되었으
니, 그 죄가 차이가 있다. 세좌는 장형을 속바치게 하지 않았는
데 귀달은 장형을 속바치게 한 것은, 귀달이 일시의 사표였기
때문이다"라고 하였다.

자아 등이 다시 아뢰기를, "세좌를 전 배소인 온성이나 그 이
웃 고을로 귀양보내고, 귀달의 죄도 경하지 않으니 그 해당 율
로 논단하시기 바랍니다" 하니,

전교하기를, "귀달의 범죄는 다만 불경죄이므로 장형을 속바
치고 한 것이고, 멀리 귀양 가게 한 것은 무릇 대신일지라도 작
은 죄라면 너그러이 용서해야겠지만 이런 큰 죄는 가려 용서
하지 말아야 하기 때문에 그런 것이다"라고 하였다.

자아 등이 다시 아뢰기를, "듣건대 세좌·귀달의 추안을 들이
게 하셨다는데, 만일 그 율의 죄명을 상고하신다면 유배 위에
반드시 그 죄가 있을 것이니 율을 상고한 뒤에 처치하도록 하
소서. 귀달이 비록 세좌와 다르다지만 불경죄야 무엇이 다르

겠습니까? 역시 율에 의하여 죄주는 것이 어떻겠습니까?"라고
하였다.……

자아 등이 다시 아뢰기를, "귀달의 조율이 옳게 된다면 그 죄
가 형장은 속바치고 멀리 귀양 가는 데 그치지 않을 것이니 반
드시 율대로 하시며, 세좌의 죄도 다시 조율하여 그 죄를 다 받
게 하시기 바랍니다"라고 하였는데,
전교하기를, "내일 정부·육경六卿 및 대간들을 불러 함께 의
논하겠다" 하였다.

1504년(연산군 10, 갑자) 3월 16일
홍귀달이 양근楊根까지 갔는데 다시 잡아오게 해서 승지 이계
맹으로 하여금 성 밖에서 형장 때리는 것을 감독하게 하고, 귀
달에게 말을 전하기를 "군신의 분별이 없고 위를 능멸하는 풍
습이 있는데, 반드시 먼저 노성한 재상을 죄준 뒤에라야 아랫
사람들이 경계할 줄 알겠으므로 이렇게 하는 것이다" 하였다.

1504년(연산군 10, 갑자) 윤 4월 8일
승지 이계맹이 아뢰기를, "홍귀달을 이미 경원에 정배하였습
니다"라고 하였다.

**허백정의 죄목은 아들 언국이 딸을 궁중에 들이지 않은 죄를**

감싸려다 불경을 저지른 것이었다. 특히 문제된 것은 손녀딸을 궁중에 들이지 않은 것보다도 왕에게 아뢴 내용 중 "지금 비록 곧 들게 하더라도 역시 들 수 없습니다"라는 대목이었다. 이것이 왕명을 가벼이 여기고서 따르지 않는 것으로 받아들여진 것이다. 당시 연산군은 약간이라도 자신의 뜻에 거역하거나 눈 밖에 나면 가차 없이 중형을 내렸다. 그는 간관과 여러 신하들이 자기 앞에서는 굽히는 듯하지만 뒤에서는 붕당을 지어 자신을 험담하며 얕보고 있다는 생각에 젖어 있었다. 이러한 때에 간언을 한다는 것은 그야말로 위험천만한 일이었다. 가뜩이나 연이은 상소로 눈 밖에 나 있던 참에 마침 손녀딸의 문제가 불거진 것이다. 기다렸다는 듯 그에 대한 유배 결정은 단 2, 3일 만에 전광석화처럼 처리되었으며, 곧장 유뱃길에 오르게 되었다. 하지만 이것이 끝은 아니었다. 이미 처리 과정에서도 보았다시피 사헌부에서는 형량이 가벼움을 끈질기게 진달하였다. 그를 유배 보내 놓고도 연산군의 노여움은 가라앉질 않았고, 광포함은 광란의 지경에 이르렀다. 이윽고 불길은 생모 윤씨 폐비사건으로 옮겨 붙었으니, 이른바 '갑자사화甲子士禍'가 일어나게 된 것이다.

1504년(연산군 10, 갑자) 윤 4월 17일
승정원이 서계하기를, "기해년 6월 5일 회릉懷陵을 폐위할 때, 승지는 홍귀달·김승경·이경동·김계창·채수·변수요, 주

서는 신경 · 홍형이요, 사관은 최진 · 이세영이며 언문 글을 번
역한 이는 채수 · 이창신 · 정성근이었습니다. 그리고 임인년
8월 16일 사약을 내릴 때 승지는 노공필 · 이세좌 · 성준 · 김
세적 · 강자평 · 권건이요, 주서는 이승건 · 권주이고, 사관은
신복의 · 홍계원이며, 언문을 펴 읽은 이는 내관 안중경, 언문
을 풀어 보인 것은 강자평이었습니다"라고 하니,
전교하기를, "정승 등은 그 죄를 의논하여 아뢰라" 하였다.


갑자년 사화의 불길이 온 사방으로 번지면서 숱한 인물들이
죽음으로 내몰렸고, 허백정과 친하였던 인물들도 화를 당하게 되
었다. 허백정에 대한 연산군의 분노 또한 더욱 깊어져, 그가 지은
단오첩자판마저 뜯겨지고 그의 아들들은 줄줄이 땅 밖 거제도로
유뱃길에 올랐으며 화는 마침내 그에게까지 미치게 된다.


1504년(연산군 10, 갑자) 윤 4월 28일
교서관校書館에서 단오첩자端午帖子를 새겨 들이니,
전교하기를, "홍귀달은 몸이 불경죄를 범하였으니, 그가 지은
첩자판을 깎아내고 글 잘 짓는 사람으로 하여금 다시 짓게 하
라" 하였다.


1504년(연산군 10, 갑자) 5월 27일

전교하기를, "홍귀달의 아들 홍언충洪彥忠을 외방으로 내보내라" 하였다.

실록에는 여기에 이어 6월 16일조에 별다른 기록 없이 이전에 있었던 일만 간단히 적은 뒤 허백정에게 교형絞刑을 내렸다는 사실과 졸기卒記를 달아 놓았다. 실은 그가 단천에서 교형을 당한 일자는 6월 22일이다. 아마도 6월 16일은 조정에서 교형을 확정한 일자라고 생각된다. 졸기에는 다음과 같이 적혀 있다.

1504년(연산군 10, 갑자) 6월 16일, 전 이조판서 홍귀달의 졸기

귀달은 한미한 신분에서 일어나 힘써 배워서 급제하여, 벼슬이 재상에 이르렀다. 성품이 평탄하고 너그러워 평생에 남을 거스르는 빛을 가진 적이 없고 남이 자기를 헐뜯음을 들어도 성내지 않으니, 그의 아량에 감복하는 사람이 많았다. 문장에 있어서는 곱고도 굳세고 법도가 있었으며, 서사敍事를 더욱 잘하여 한때의 비명碑銘·묘지墓誌가 다 그의 손에서 나왔다. 그 정자에 편액하기를 허백虛白이라 하고 날마다 서사書史를 스스로 즐겼다. 시정時政이 날로 거칠어지매 여러 번 경연에서 옛일에 따라 간언을 진술하니, 이로 말미암아 뜻을 거스르더니 경기감사로 좌천되기에 이르렀다. 그때 왕이 바야흐로 장녹수張綠水를 꼬이는데, 경영京營의 고지기가 되고자 하는 어

떤 사람이 녹수를 인연하여 왕에게 청하매 왕이 몰래 신수근慎 守勤을 시켜서 자기 뜻을 부탁하였으나 귀달이 듣지 않았다. 이로 인해 왕이 언짢아하여 어떤 일을 빌미로 외방으로 귀양 보냈다가 이에 이르러 죽이니, 사람들이 다 그 허물없이 당함 을 슬퍼하였다.

졸기 마지막 부분에 나오는 내용이 어떻게 된 것인지는 정확히 알 수가 없다. 허백정의 신도비문에서는 그가 경원으로 유배를 떠나면서 가족들에게 "나는 함창의 한 농부의 아들로 태어나 벼슬이 재상의 지위에까지 이르렀으니, 성공한 것도 나로부터이고 실패한 것도 나로부터이다. 또한 다시 무엇을 한스럽게 여기 겠는가?"라고 담담히 말했다고 전한다. 이로 볼 때 그는 이미 죽음을 각오하였던 것 같다.

# 4. 시문 속에 나타난 '허백'한 삶

    홍귀달의 호 '허백정'은 『장자莊子』「인간세人間世」의 "허실생백虛室生白", 곧 "아무 것도 없는 텅 빈 방에 눈부신 햇빛이 비쳐 환히 밝다"라는 말에서 따온 듯하다. 그의 또 다른 호인 '함허정涵虛亭'도 '허'자를 쓰고 있다. 일생을 바삐 40년 넘도록 관료로서 보냈지만 그의 마음은 늘 '허백'을 그리고 있었는지 모른다. 실제로 그의 삶 또한 그러했다. 그는 40여 년 동안 관직생활을 하였지만 서울이든 고향이든 후손에게 물려줄 집 하나 제대로 장만하지 못하였다. 높은 자리에 있다 보면 온갖 소리며 애꿎은 모함을 다 받게 마련인데, 허백정 또한 예외는 아니었다. 그러나 실록이나 서책 속 문자에 매달리고 몇 자 사필史筆에만 이끌려 이러쿵

저러쿵 말한다는 것은 무리가 있을 것이다. 이것은 사화의 소용 돌이 속에서 살다간 사람을 바라볼 때 더욱 조심할 점이다.

그가 '허백' 한 삶을 살다간 모습은 '허백정'과 '귀달마'의 일화가 잘 전해 주고 있다. 말이 나왔으니 그 일화를 잠깐 소개하고 넘어가기로 하자. 허백정이 42세(1479, 성종 10) 때 남산 아래 청학동 부근에다 띳집 한 칸을 마련하여 '허백'이란 당호를 걸고서 지냈는데, 어찌된 영문인지 팔도에 그가 999칸 화려한 기와집을 짓고 산다는 소문이 퍼져서 과거보러 오는 사람들이 구경을 하고자 구름처럼 몰려들었다는 일화이다. 집은 비록 한 칸이지만 999칸의 사색을 하고도 남음이 있다는 말이 와전되어 그렇게 된 듯하지만, 그를 둘러싼 소문에는 그에 대한 애꿎은 모함도 한 몫 하지 않았나 하는 생각이 든다.

그리고 이유원李裕元이 지은 『임하필기林下筆記』의 「춘명일사春明逸史」에는 다음과 같은 '귀달마' 일화가 전하고 있다.

홍귀달의 말(馬)이 노둔했던 일
문광공文匡公 홍귀달은 지위가 삼관三館에 이르렀는데도 성품이 매우 검박하여 타는 말마다 관단마款段馬(걸음이 느린 조랑말)였다. 길 가는 사람들이 손가락질하며 '귀달마貴達馬'라 하였으니, 대체로 이는 그의 인품을 흠모하면서 그의 말이 보잘 것 없음을 비웃은 것이다. 이로 말미암아 방언이 되어 노둔한 말뿐만 아니라 모든 노둔한 사물들을 또한 '귀달' 이라 칭하였다. 그 후손들이 연유를 알지 못한 채 대중을 따라 똑같이 일컫으니 우스운 일이다.

그러면 이제 그의 시문도 감상할 겸 시를 통해 그의 '허백' 한 삶을 한 번 되돌아보기로 하자. 허백정에게서 가장 화려하고 행복했던 날은 젊은 시절 성종의 총애를 받으며 곁에서 보필하던 때였던 것 같다. 그는 외지에 멀리 나와 있으면서 도승지 조위曹偉(자: 太虛)에게 시 한 수를 보내 좋았던 지난날을 그리워하고 있다.

대궐 한가운데 은대 높으니
일찍이 우둔했던 나 빼어난 인물들 뒤쫓던 기억이 나네.
임금의 은택 매일 비와 이슬같이 내리고
봉지에는 따뜻한 봄 물결 일렁인다.
옥 술잔 속 찰랑이는 그림자 신선의 이슬이요
은쟁반 위 빛깔 도드라진 것 붉은 앵두로다.
이제 고개 돌려 저 멀리 안개 너머로
손들어 흔들며 조신선께 인사하노라.
金闕正中銀臺高　憶曾駑劣隨英豪
天家恩澤日雨露　鳳池漲暖春波濤
玉斝影搖紫霞液　銀盤色凸紅櫻桃

而今回首隔塵霧　擧手遙禮神仙書

　　앞에서 말한 대로 허백정은 42세 때 남산 아래 허백정을 지어 살았다. 이때도 행복했던 것 같다. 하지만 이미 그에게는 지위와 명예가 있어 그의 귀에는 온갖 소리가 다 들려왔던 모양이다. 애써 정자의 당호처럼 '허백' 하게 살려는 모습이 역력하다. 「정하남공鄭河南公과 함께 밤에 모정茅亭에서 술을 마시다 조금 취하여 헤어졌다. 아침에 혼자 앉았다 느낌이 일어나 시를 지어 하남공에게 보내다」와 「감회, 희윤希尹에게 줌」 2수를 옮겨 본다.

> 남산의 푸른 빛 내 사는 집 뒤덮고
> 새로 지은 때풀 정자는 저잣거리 굽어보네.
> 멋진 벗 만나니 오랜 난초 향기인 듯
> 좋은 계절이 오니 국화 피기 시작하네.
> 인생살이 소란스레 모였다 흩어졌다
> 세상사 어지러이 비난했다 칭찬했다.
> 뒷날 밤에 다시 만나 한잔해야 하거니
> 푸른 하늘에 달 뜰 때 날 버려두지 마시길.
> 南山蒼翠壓吾廬　新作茅亭俯市閭
> 勝友正逢蘭臭舊　佳辰又屬菊花初
> 人生擾擾聚還散　世事紛紛毁復譽

後夜便須相對飮　靑天有月不孤余

내 사는 곳은 남산이고 그대는 북쪽에 살지만
보노라면 하는 일마다 절로 서로 같도다.
비록 집은 누추해도 마음은 얽매이지 않고
쌀 주머니는 비었어도 집에는 책이 있다네.
해 비치는 세상바닥에 잘난 사람들 놀라게 하지만
벼슬살이 험한 바다에 바람 일어도 다행히 배가 비었구나.
이름 얻는 곳 비방도 많이 따르는 법
다시 술 한 잔 가득 들며 비방과 칭찬일랑 맡기련다.

我住南山君北居　看來事事自相如
縱然屋陋心無累　正使囊空家有書
日照市門驚虎嘯　風生宦海幸舟虛
從來得謗收名處　且進深杯任毀譽

　　허백정은 44세(1481, 성종 12) 때 황태자의 천추절 진하사가 되
어 서장관 신종호와 함께 사행길에 오른다. 이때 그는 50여 수의
시를 남겼다. 그는 시 속에다 이국적인 풍광과 여로의 어려움, 고
향에 대한 정 등을 담아내고 있다. 그 중 「반산역盤山驛에서 제함」
이라는 시 한 수를 가려 본다.

산은 무려에 이르러 푸른빛이 끝나려 하는데
광녕에서 동쪽을 바라보매 길은 멀고 아득하여라.
진흙 길 여윈 말이 어찌 고통 견디랴
작은 역 하나뿐인 평상에서 잠깐 쉬기를 청한다.
밤중의 고각 소리는 손을 놀라 깨우고
창 밖 달빛은 객수에 젖은 마음을 차게 비춘다.
닭이 울면 또 고평을 향해 떠나리니
거기는 구름이 짙어 길이 더욱 어렵다는 말을 들었다.

山到無閭靑欲了　廣寧東望路漫漫
泥途瘦馬那堪苦　小驛孤牀暫借安
半夜角聲吹客起　一窓月色照愁寒
雞鳴又向高平去　見說雲深路更難

허백정은 힘든 사행길 속에서도 들판에 흩어져 있는 무덤들을 바라보며 인생의 무상감에 젖는다. 그도 이미 인생의 반을 넘어 살았으니 인생사 허무함을 느끼기에는 충분하였으리라.

드넓은 들판 가운데로 길은 나 있고　　野曠中有露
하늘은 맑아 사방 구름 한 점 없다.　　天晴四無雲
소란스레 길 가는 사람들　　擾擾路中人
첩첩이 늘어선 들판의 무덤들.　　纍纍原上墳

| 백년이면 다 죽고 말 터인데 | 百年會有盡 |
|---|---|
| 만사는 바쁘기만 하다. | 萬事徒紛紛 |
| 모름지기 붉은 치마에 취해서 | 要須醉紅裙 |
| 즐겁게 청춘을 보내야 하리. | 得得過靑春 |
| 그대는 보았는가 들판의 무덤들을 | 君看原上墳 |
| 이 모두 한땐 길 가던 사람이었다네. | 盡是路中人 |

인생사 허무함은 돌아오던 길, 의주에서 새삼 느끼게 된다. 바로 거기에서 모친 상산김씨가 세상을 떴다는 소식을 듣게 된 것이다. 그는 비보를 듣고 비통한 심정으로 고향 땅 함창 율곡으로 달려갔다.

끝내 그는 일흔이 다 된 늘그막에 귀양길에 오른다. 귀양 떠나는 길 작은 곡구역谷口驛에서 하룻밤 묵으며 지은 시 1수와 귀양지 경원에서 평사評事 이장곤李長坤에게 보낸 시 1수를 골라 보았다.

| 길게 뻗은 길 해안을 따라 나 있고 | 長途緣海岸 |
|---|---|
| 조그만 역은 산 뿌리 곁에 붙어 있다. | 小驛傍山根 |
| 새들은 구름 속을 날고 | 鳥道縈雲逈 |
| 고래는 물결 일으켜 해를 씻는다. | 鯨波盪日飜 |
| 이곳 사는 사람들 정이 많건만 | 居人多厚意 |

| | |
|---|---|
| 귀양 가는 나그네 절로 마음 아프다. | 謫客自傷魂 |
| 내일 아침 큰 재를 넘고 나면 | 大嶺明朝過 |
| 다시는 내 고향 들 바라볼 수 없으리. | 無因望故園 |
| | |
| 쇠약하고 늙은데 병 또한 많고 | 衰白仍多病 |
| 떠밀려 온 곳 변경 중에 변경이다. | 流離更極邊 |
| 몸 둔 곳은 도깨비굴이요 | 投身魍魎窟 |
| 멀리 바라보면 오랑캐의 하늘이다. | 極目犬羊天 |
| 삭막하여 밤에도 잠 못 이루고 | 索寞夜無寐 |
| 세월 가는 것 하루가 한 해 같다. | 經過日似年 |
| 시 짓기도 그만두고 술마저 끊으니 | 廢詩還止酒 |
| 할 일 없어 몸은 도리어 편안하다. | 無事却身便 |

노구의 허백정은 홀로 유배지에서 아내의 죽음 소식과 아들들이 줄줄이 거제도로 유배되었다는 소식을 들으며, 평생을 벗해 온 시 짓는 것도 접고 술마저 끊은 채 허허롭게 삶의 마감을 기다리고 있다.

# 5. 교유한 인물들과 제자 농암 이현보

　허백정 홍귀달은 그의 말처럼 영남의 한미한 집안 출신으로 40여 년 관직생활을 하면서 비교적 원만한 인간관계를 맺어 온 것이 사실이다. 그렇다고 그를 '사림파'에서 빼거나 심지어 '훈구파'에 포함시켜 버리는 것은 무리가 있다. 관료생활의 길고 짧음과 높고 낮음을 가지고 그렇게 판정해서는 안 될 것이며, 무오사화에서 크게 화를 입지 않았다는 이유로 그렇게 판정할 수도 없을 것이다. 그가 무오사화에 크게 연루되지 않은 것은 굳이 말하면 연산군의 총애가 아직은 남아 있었고 그야말로 행운이었을 뿐, 그는 피화의 직접적 당사자인 김종직 및 그의 제자들과 함께 친밀한 유대를 맺고 '우리 당'(吾黨)이라는 의식을 공유하고 있었

점필재 김종직 종택(경북 고령)

다. 그리고 그 또한 결국은 연이은 직간으로 연산군의 눈 밖에 나
게 되어 갑자년에는 화를 당하였던 것이다.

허백정은 김종직과 7살 차이로, 세조 때 그보다 2년 늦게 문
과 급제를 하여 1489년 김종직이 병으로 사임하여 고향 밀양으
로 물러날 때까지 함께 조정에 섰다. 당시는 영남 출신들이 중앙
관계에 하나둘씩 진출하기 시작하던 때로서 그 수가 많지 않았으
며, 상주 함창과 김종직의 선향인 선산이 바로 이웃이어서 친밀
감은 더욱 컸다. 그랬기에 나이 차이가 적지 않았음에도 허백정
은 그의 제자들과도 격의 없이 지낼 수 있었다. 특히 두 사람은

시문으로도 일세를 풍미하였던 터라, 주고받은 시로써 둘 간의 벗 사귐을 한번 들여다볼까 한다. 먼저 허사악許士諤이란 이가 허백정에게 주려고 선천에서 좋은 돌벼루를 구해 왔는데, 마침 김종직이 사악의 집에 들렀다가 그만 가로챈 뒤 미안한 마음에 그에게 시 한 수를 보낸 것이 있다.

| | |
|---|---|
| 선성의 자주색 벼루는 동방의 기물이라 | 宣城紫硯東方奇 |
| 바람 물결 머금은 녹석보다 훨씬 낫다오. | 大勝綠石含風漪 |
| 문방에 하루라도 없어서는 안 되거니와 | 文房不可一日無 |
| 옥의 덕과 쇠의 소리를 내가 본받는 바로세. | 玉德金聲我所師 |
| 허군이 이걸 얻어 겹겹이 싸가지고 와서 | 許君得之十襲來 |
| 그대에게 주려 했으나 그대는 몰랐었지. | 持欲贈君君不知 |
| 내가 어저께 허군의 집을 찾았다가 | 我昨剝啄叩其門 |
| 이 벼루를 보고 마음이 갑자기 기뻐졌네. | 睍此益友神忽怡 |
| 웃고 농하는 틈을 타서 품안에 넣었더니 | 輒因笑謔入懷抱 |
| 허군이 꾸짖었지만 어찌 돌볼 겨를 있으랴. | 許君詬怒胡恤之 |
| 집에 돌아와 조용히 붓통 곁에 놓아두니 | 還家靜置筆格傍 |
| 붉은 못에 검은 구름이 드리운 듯하구려. | 紫潭疑有玄雲垂 |
| 문 닫고 앉아 충어를 주내기에 알맞으니 | 正當閉户註蟲魚 |
| 벽돌이나 기와 조각을 곁에 두지 말아야지. | 斷塼片瓦休相隨 |
| 연석을 바치어 사죄에 갈음하노니 | 爲投燕石代肉袒 |

후일의 벌주야 어찌 감히 사양하리오.　　　　　　他日罰籌安敢辭


　약간의 장난기와 함께 둘 간의 깊은 우정이 엿보인다. 또 김
종직은 허백정에게 "젊은 시절 박한 녹봉 좇으며 오얏나무 아래
지름길을 밟지 않았으니, 의기가 통하는 든든한 벗을 얻고서는
가난이 병 아님을 함께 기뻐했네"라는 시를 보내어 도우로서의
정을 내보이기도 하였다. 한편 허백정은 호남관찰사로 나가는
그를 전송하며 다음과 같이 당부한다.


　　다스리기 어려운 곳 후백제 땅이라 했었거니　　　難治稱後濟
　　전해오는 풍습은 견훤에게서 시작되었지.　　　　流俗自甄萱
　　땅 넓어 농사일에 힘쓰고　　　　　　　　　　　地廣農桑務
　　백성들 많아 송사가 빈번하다네.　　　　　　　　人稠獄訟繁
　　변방 고을에서는 자주 변고를 알리고　　　　　　邊郡頻報變
　　조졸들은 걸핏하면 원망을 할 것일세.　　　　　　漕卒輒申冤
　　물노니, 그대 어떻게 다스리려나　　　　　　　　借問君何以
　　나 방촌의 마음 간직하시란 말 전한다네.　　　　自言方寸存


　1492년 김종직이 세상을 뜨고 2년 뒤, 홍문관대제학으로 있
던 허백정은 동향 선배이자 도우였던 그의 신도비문을 쓰면서
"공은 명성과 실상이 많은지라, 이것이 묻히도록 둘 수 없어 이

김종직 신도비(경북 고령)

신도비각

제 붓을 잡고 기록하노라"라는 명문銘文과 함께 다음과 같이 적었다.

> 덕행, 문장, 정사는 공문孔門의 고제高弟로서도 겸한 이가 있지 않았으니, 더구나 그 밖의 사람이야 말할 나위가 있겠는가. 재주가 우수한 사람은 행실에 결점이 있고, 성품이 소박한 사람은 다스림에 서툰 것이 바로 일반적인 모습이다. 그런데 우리 문간공文簡公 같은 이는 그렇지 않았다. 행실은 남의 표본이 되고 학문은 남의 스승이 되었으며, 생존 시에는 임금께서 후히 대우하였고 작고한 뒤에는 뭇 사람들이 슬퍼하며 사모하였으니, 어쩌면 공의 한 몸이 경중輕重에 그토록 관계될 수 있었단 말인가.

조위曺偉(1454~1503)는 자가 태허太虛, 호가 매계梅溪로, 김종직의 제자이자 처남이다. 그는 1475년 문과에 급제한 뒤 도승지와 호조참판, 충청도관찰사, 대사성 등을 지냈다. 1495년(연산군 1) 지춘추관사로 『성종실록』을 편찬할 때 김일손이 사초로 올린 김종직의 「조의제문」을 그대로 실은 죄로 무오사화 때 가까스로 죽임을 면한 채 유배살이 하던 중 순천에서 죽었다. 허백정은 16살이나 어린 그를 도우이자 외우畏友로서 대했다. 그가 도승지로 있을 때 허백정이 보낸 시를 우리는 이미 앞에서 보았다. 충청도관찰사로 있을 때에도 허백정은 그를 찾은 뒤 시 한 수를 남겼다.

| | |
|---|---|
| 손과 주인으로 만난 호서의 길 | 賓主西湖路 |
| 맑은 서리 내리는 구월의 하늘. | 淸霜九月天 |
| 말은 붉게 물든 숲 밖으로 떠나고 | 馬行紅樹外 |
| 기러기는 흰 구름 가로 멀어지네. | 雁落白雲邊 |
| 주고받은 시는 모두 너무나 좋았고 | 唱和詩皆好 |
| 서로 나눈 얘기들은 아주 편안했었지. | 商論事盡便 |
| 노랫가락이 온 땅 가득 울려 퍼지니 | 歌謠應滿地 |
| 신선을 취하게 해도 해되지 않으리. | 不害醉神仙 |

시제詩題를 보면 이 자리에는 도사都事 김일손도 함께 있었던 모양이다. 허백정은 유배살이 중 세상을 뜬 어린 도우 조위를 슬퍼하며 만사와 묘지명을 지었다. 그는 묘지명에서 "아들도 없고 딸도 없거늘 누가 상주 노릇할까, 장사는 아우가 맡고 부조는 친구가 맡았네. 묘지는 내가 짓노니 천추만세에 전하기를, 높은 절벽 깊은 골짜기에 맑은 향기 그치지 않네"라며 깊이 애도하였다.

김일손金馹孫(1464~1498)은 자가 계운季雲, 호가 탁영濯纓이며, 23세 때인 1486년 문과 급제를 한 뒤 장령과 정언, 이조 좌랑과 정랑을 두루 거쳤으며, 질정관으로 있을 때 명나라 사행을 다녀오면서 정유鄭愈의 『소학집설小學集說』을 가져와 우리나라에 전파

하였다. 그는 『성종실록』을 편찬할 때 춘추관기사관으로 있으면서 스승 김종직의 「조의제문」을 사초에 포함시킨 죄로 1498년 무오사화 때 능지처참되었다. 허백정은 자신보다 26세나 어린 그와 친교를 맺고 「사암기思庵記」를 지어 주었으며, 그의 부친 김맹金孟의 묘지명도 지어 주었다. 여기에서 그는 김일손에게 '우리 당'(吾黨)이라는 표현을 쓰고 있다. 이를 빈말이라 할 수는 없을 것이다. 그는 분명 김종직과 조위, 김일손 등을 '우리 당'으로 생각하였으며, 그들 또한 그를 그렇게 받아들인 것이 분명하다.

허백정은 제자가 많지 않았다. 그 이유는 김종직의 경우 주로 그가 함양과 선산 등에서 지방관을 지낼 때 김굉필金宏弼, 정여창鄭汝昌, 유호인兪好仁, 김일손 같은 걸출한 제자들이 문하에 든 것과 비교해 보면 짐작할 수 있다. 그는 대부분 중앙관직에 있었으며, 지방관으로 나갈 때도 관찰사 같은 직책을 수행하였기에 문하에 제자를 두기가 쉽지 않았다. 대신 그는 도우 김종직의 제자들을 자신의 제자처럼, 또한 도우처럼 여겼다고 볼 수 있다. 이러한 가운데 농암 이현보는 바로 그의 직접적인 제자였다.

이현보李賢輔(1467~1555)는 호가 농암聾巖이며, 안동 예안 출신이다. 그는 20세 때 허백정 문하에 나아갔다. 1498년(연산군 4) 문과에 급제한 뒤 교서관, 검열 등을 지냈으며, 1504년 정언으로 있을 때 서연관의 비리를 공박하다가 안동으로 유배되었다. 중종반정 뒤 안동부사, 경상도관찰사 등의 지방관을 지냈으며, 관직이 호조판서에까지 이르렀다. 1542년 지중추부사가 제수되었으나 병을 이유로 사양하고 고향으로 내려와서 시를 짓고 자연과 벗하며 여생을 마쳤다. 퇴계退溪 이황李滉(1501~1570)과는 이웃해 살면서 가깝게 지냈다. 그는 특히 「어부가漁父歌」를 지어 우리나라의 강호문학江湖文學을 연 인물로 유명한데, 그의 시조 「효빈가」와 「농암가」, 「생일가」 등도 널리 알려져 있다. 그 중 「농암가」를 옮겨 본다.

농암 이현보 초상

농암에 올라보니 노안老眼이 유명猶明이로다
인사人事가 변한들 산천이야 가실까
암전巖前에 모수某水 모구某丘가 어제 본 듯하여라.

또한 그는 70세의 나이에 늙은 부모를 위해 색동옷을 입고 춤을 춘 일화로도 유명하다. 그의 효성스런 모습은 집의 당호를

농암종택의 별당인 긍구당 전경

'애일당愛日堂'이라고 붙인 것에서도 알 수 있다. 여기에서 '일日'은 곧 부모님을 가리킨다. 이것은 그의 스승 허백정이 부친의 시묘살이를 하면서 당호를 '애경당愛敬堂'이라 붙인 것과 무관하지 않을 것이다. 그와 허백정의 후손들이 세교를 이어갔음은 허백정의 아들 홍언국洪彦國이 애일당에 대한 차운시를 남긴 것에서도 확인할 수 있다. 허백정의 시문은 제자 농암 이현보에게로 전해졌으며, 다시 이것은 이황에게 영향을 미쳤다고 볼 수 있겠다.

# 제3장 대를 이어 인물이 쏟아지다

# 1. 허백정의 아들들

　허백정 홍귀달은 언필彦弼, 언승彦昇, 언방彦邦, 언충彦忠, 언국彦國 다섯 아들을 두었다. 이 중 맏이인 언필은 일찍 죽고 언방과 언충이 대과 급제를 하여 관직에 나아갔으며, 언승은 진사로 거창현감을 지냈고, 언국도 진사로서 관직을 제수 받았지만 나아가지 않았다. 이 네 아들들은 또한 부친 허백정의 사건에 연루되어 모두 거제도로 유배되기도 하였다. 네 아들 중 우암 홍언충은 별도로 살펴보기로 하고 먼저 세 아들의 행적을 살펴본다.

　홍언승의 행적은 노주蘆洲 김태일金兌一이 찬한 「거창공묘갈명巨昌公墓碣銘」에 그 대략을 전하고 있다. 그의 생졸년은 미상이며, 자는 대요大曜이다. 1495년에 진사가 되어 선공봉사를 지내다가 부친의 사건에 연루되어 거제도에 유배를 갔으며, 중종반정으로 유배에서 풀려난 뒤 거창현감 등을 지냈다. 배는 경주이씨 진사 취수헌醉睡軒 겸겸謙의 딸이며, 묘소는 함창 서쪽 검부리에 있다.

그는 복명復明과 복창復昌 두 아들과 딸 둘을 두었는데, 장녀는 판서 오준吳準에게, 차녀는 정랑 준암樽巖 이약빙李若氷에게 출가하였다. 사위 이약빙(1489~1547)은 본관이 광주廣州이고 충주 사람으로 1513년에 문과 급제를 하였다. 그가 이조정랑에 있을 때 기묘사화己卯士禍(1519)로 조광조趙光祖가 죽음에 이르자 형 이약수李若水가 동료 유생 150여 명을 이끌고 조광조의 신원을 호소하다 옥에 갇혔는데, 이약빙이 또한 조광조와 이약수의 사면을 청하다 파직되었다. 그 뒤 복직되어 예조정랑을 거쳐 한산군수가 되었는데, 1539년 연산군과 노산군魯山君(단종)의 후사를 세울 것 등을 청하다 투옥된 후 고향인 충주로 물러났다. 다시 1547년(명종 2) 사복시정에 있던 중 소윤小尹 일파인 윤원형尹元衡, 이기李芑 등이 양재역벽서사건良才驛壁書事件을 빌미로 윤임尹任 등의 대윤大尹 일파를 제거할 때 인척으로 몰려 죽었다. 그는 바로 윤임과 사돈 간이었다. 이때 그의 처남이었던 홍언승의 두 아들 복명과 복창도 혈손을 두지 못한 채 역시 인척으로 몰려 함께 죽었다. 이렇게 됨으로써 허백정의 가계계승은 다시 그 다음 아들들에게로 넘어가 복잡한 모습을 보이게 된다.

홍언방(1470~1526)의 행적은 질서인 준암 이약빙이 찬한 「홍문박사공묘갈명弘文博士公墓碣銘」에 그 대략이 전한다. 그는 자가 군미君美이고, 1502년에 대과 급제를 하여 상서부직장 등을 지내다 1504년 부친의 사건에 연루되어 거제도로 유배를 떠났으며, 중종반정 후 유배에서 풀려 홍문관박사, 단성과 동복 현감, 언양 군수 등을 지냈다. 낙향 후 5년 가량 지내다 1526년 전적의 직이 내려 한양으로 가던 중 향년 57세로 병사하였다. 배는 감천문씨甘泉文氏이고, 묘소는 영순 율곡에 있다. 그는 완瑌과 개玠 두 아들과 딸 한 명을 두었는데, 딸은 참판 권주權柱의 아들 석潟에게 출가하였다. 그리고 완은 아들이 없어 종질인 언국의 손자이자 경삼景參의 둘째 아들인 덕희德禧가 뒤를 이었다. 이러한 연유로 허백정의 가통은 언방이 아닌 언국으로 넘어가서 경삼, 덕록德祿, 호호鎬, 여하汝河로 이어지게 된 것 같다.

당시 사람들은 "문광공의 여경餘慶이 공(언방)과 우암(언충)에 이르러 드러났도다"라고 말할 정도였으나, 유배에서 풀려난 뒤에도 홍언방의 관직생활은 크게 순탄하지 않았던 듯하다. 그는 관직을 제수 받을 때마다 인륜강상을 어겼다는 잘못을 들어 탄핵 받곤 하였으며, 끝내 이 무고로부터 완전히 벗어나지 못하여 크게 현달하지 못하였다. 그가 문재에 뛰어났음은 채수蔡壽의 신도비문을 지은 것에서 짐작할 수 있다.

홍언승과 언방, 언충, 언국 형제들은 이행李荇과 평생 동안 도우로서 지냈으며, 1504년 이후로 모두 함께 거제도에 유배를

가 있던 때도 있었다. 유배지에서도 그들이 서로 몰래 만나 친교를 가졌던 것으로 보이는 연시聯詩가 있어 여기에 옮겨 본다. 이 시는 『용재집』속 「해도록海島錄」에 실려 있다. 이 시는 "제군과 함께 구천九川 장에 놀러 갔다가 연시를 작은 돌에 적어 바위 구멍에 감추어 두다"라는 제가 달려 있어 당시 정황을 잘 알 수 있다.

| | |
|---|---|
| 맑은 시냇가에 가파른 벼랑 (彦邦) | 危壁淸溪上 |
| 오늘 아침 나란히 말 타고 보노라 (荇) | 玆晨竝馬看 |
| 푸른 이끼는 고금의 빛이건만 (世弼) | 蒼苔今古色 |
| 사람의 일은 성쇠가 바뀌누나 (彦昇) | 人事盛衰端 |
| 빗방울 떨어져 시 짓길 재촉하고 (鷃) | 雨點催詩急 |
| 술잔 속은 느긋한 흥을 이끌도다 (彦邦) | 杯心引興寬 |
| 작은 시편으로 성명을 남기노니 (荇) | 小篇留姓字 |
| 모쪼록 우두일랑 범하지 말라 (世弼) | 牛斗莫相干 |

마지막 "우두일랑 범하지 말라"라는 구절의 '우두'는 견우성과 북두성을 가리킨다. 오나라 때 북두성과 견우성 사이에 늘 보랏빛 기운이 감돌기에 장화張華가 점성술가 뇌환에게 물었더니 보검의 빛이라 하였는데, 정말 풍성의 땅속에서 용천龍泉과 태아太阿 두 보검을 발견했다는 고사가 『진서晉書』의 「장화열전張華列傳」에 실려 있다. 자기들의 연시가 바위틈에 잘 숨겨져 있어야

지 용천과 태아의 두 보검처럼 세상에 알려지면 안 된다는 뜻이다. 이행은 허백정의 아들들과 두루 친교를 가졌던 인물로 뒷날 홍언방의 부고를 듣고서 애끓는 정을 표현하였다.

직경의 무덤가 나무 벌써 굵어졌고　　　　　　直卿宰木曾成拱
대요의 산 정자는 빈 지가 이미 오래인데,　　大曜山亭久已虛
백발의 몸으로 또 군미의 부고 들으니　　　　白首又聞君美訃
옛 친구인 내 심정이 과연 어떠하겠소.　　　　故人情緒果何如


지금부터 어언 이십 년 전인 갑자년 당시　　甲子今垂二紀餘
사림이 경도하여 함허를 우러러보았지.　　　士林傾倒仰涵虛
그 모습 이제는 다시 볼 수 없는데　　　　　典刑從此還無托
서글피 보니 저 정자는 무심히 서 있구나.　　悵望名亭只自如


일신에 얽힌 구설 여지가 없었으니　　　　　一身多口不遺餘
전원으로 돌아오매 만사가 속절없었지.　　　却掃田園萬事虛
오늘 다시 빈관에서 초혼 소리 들으니　　　　今日還聞賓館復
인생 백 년 기구하기 그대 같은 이 없구려.　百年屯塞莫君如


우리가 헤어진 지도 어언 십 년 넘어　　　　乖離今已十年餘
멀리서 서로가 꿈속에서나 만났었지.　　　　契闊還成一夢虛

| 반평생을 우환 속에 서로 사귀었으나 | 半歲相從憂患裏 |
| --- | --- |
| 평생에 우정이야 그 누가 이만하리요. | 平生交道有誰如 |

이 시 역시 『용재집』 속에 실려 있는데, 이행은 평생 도우렸던 홍언방의 부고를 듣고 곡을 하면서 직경(언충)과 대요(언숭), 그리고 그들의 부친인 함허(허백정)에 대한 옛 기억과 정을 함께 떠올리고 있다.

홍언국(1475~1530)은 자가 공좌公佐, 호가 눌암訥菴이며, 5대손 상민相民이 쓴 「눌암공묘갈명訥菴公墓碣銘」에서 그의 행적을 살펴볼 수 있다. 그는 20세 때 성균진사가 된 이후 재랑의 관직이 내렸지만 나아가지 않았다. 1504년 연산군이 그의 딸을 궁궐에 들이라고 한 명을 거역하고 부친 허백정을 통해 죄을 면하려 했다는 죄목으로 곽산에 유배되었으며, 다시 거제도로 유배되었다. 그는 당시의 참혹했던 상황을 상소문에서 다음과 같이 적고 있다.

전 참봉 홍언국이 상소하였는데, 대략 이러하였다.

"신의 아비 좌찬성 홍귀달은 세조조에 급제하고 성묘조成廟朝에 벼슬하면서 특별히 비상한 은총을 입어 대간·시종이 되기 20여 년에, 알면 말하지 않음이 없고 말하면 들어 주지 않음이 없었으매 성종은 충직하다고 인정하시었습니다. 임자년 봄에 또 대제학을 삼아 대우가 더욱 융숭하니, 충심으로 더욱 감격하여 정성을 다하려고 생각하였습니다.

폐주廢主가 왕위를 계승하게 되자 한결같이 성종을 섬기던 그대로 섬기며 생각하는 일이 있으면 반드시 말을 하고 허물이 있으면 반드시 간하니, 폐주가 그 곧은 말을 매우 꺼렸습니다. 그러다가 갑자년 3월에 와서는 허물이 아닌 것을 가지고 얽어 큰 죄를 만들어서, 형장을 때려 서울에서 2천여 리나 되는 함경도 경원부로 유배하고 신을 평안도 곽산군으로 유배하였습니다. 신의 어미는 이 일 때문에 근심하고 놀라 병을 얻어 그해 4월 서울에서 죽었습니다. 그리고 6월에 또 신의 아비를 경옥京獄으로 잡아 오다가 단천 도상에서 사사賜死하였습니다. 석 달여 만에 부모가 다 제명에 죽지 못하니 한 집안의 화는 참혹하였습니다. 그러나 신이 스스로 죽지 못하고 구차하게 목숨을 이어 왔는데, 을축년 정월에 또 신을 의금부에 잡아 가두었다가 4월에 해상 거제현으로 이배하여 종을 삼았으며, 8월에 또 의금부로 잡아 왔다가 병인년 2월에 거제 구금장拘禁場으로 도로 귀양 보내니, 곤고하고 참독慘毒한 상황은 형용하여 말하기 어렵습니다. 폐주 말년에는 주륙誅戮이 더욱 심하므로 신은 해상에 찬축竄逐되어 있는 곳에서 밤낮으로 죽기만 기다리고 있었습니다."

『중종실록』, 1510년 1월 20일

    그는 중종반정으로 유배에서 풀려난 뒤에도 형 언방과 함께 인륜강상을 어겼다는 무고로 숱한 고역을 겪어야만 했다. 이런 연유로 그는 문과 응시를 끝내 포기하고 고향산림에 묻혀 유유자적하는 가운데 기울어진 가세를 부여잡는 데 진력하였다. 부친 허백정의 신도비를 세우기 위해 대제학 남곤南袞으로부터 비문을 받고 손수 글씨를 썼으며, 중형 우암공 언충의 묘갈명을 지었고, 허백정의 제자 농암聾巖 이현보李賢輔의 집안과 세교를 이어갔다. 그는 위패에 관직을 쓰지 말라는 유명을 남긴 채 향년 56세로 세상을 떴다. 배는 동래정씨와 상산김씨이며, 그의 묘소는 동래정씨와 함께 영순 율리에 있다. 그는 아들 경삼景參을 두었고 경삼은 사정을 지낸 덕록德祿과 사과를 지낸 덕희德禧를 두었는데, 차남 덕희는 종숙인 완琬에게로 출양하고 맏이인 덕록이 허백정의 가통을 이어갔다.

# 2. 우암 홍언충

    홍언충(1473~1508)은 자가 직경直卿, 호가 우암寓庵으로, 허백 정 홍귀달의 넷째 아들이다. 문재가 뛰어나 17세 때 이미 「병상 구부病贏駒賦」를 지었으며, 23세 때인 1495년(연산군 1) 문과에 급 제하여 승문원부정자에 임명됨으로써 관직생활을 시작하였다. 24세 때 정희량鄭希良, 박은朴誾 등 13인과 사가독서를 하였고, 이 후 홍문관 정자와 저작, 박사, 부수찬을 거쳐 수찬에 이르렀으며, 예조정랑 등도 지냈다. 1498년(연산군 4) 26세 때에는 서장관으로 명나라 사행을 다녀왔다. 1504년(연산군 10) 부친의 사건에 연루되 어 진안으로 유배되었으며, 다시 갑자사화에 연루되어 한양으로 와서 심문을 받은 뒤 거제도로 유배되었다. 1506년 34세 때 중종반정으로 유배에서 풀려난 뒤 성균직강에 제수되었으나 병으로 나아가지 않았고, 1508년(중종 3) 36세를 일기로 세상을 떴다. 배는 남손南蓀의 딸이고, 묘소는 영순 의곡리(옛 도연리)에 있으며, 「자만사비自挽詞碑」가 묘소 앞에 서 있다. 1535년 동생 언국이 묘갈을 지었다. 1582년 외손서인 충청도관찰사 김우굉金宇宏이 청주목사 김중로金仲老에게 부탁하여 그의 문집을 간행하였으며(김우굉 발), 1720년에 종현손 상민相民이 문집을 중간하였다(權斗經 서, 홍상민 발). 1665년 문경 근암서원과 1786년 군위 양산서원에 부친 허백정과 함께 배향되었다.

그는 부친 허백정과 함께 조정에 있으면서 부친과 마찬가지로 연산군에 대한 간언을 멈추지 않았다. 연산군 5년(1499) 4월 21일에 있었던 경연 기록을 옮겨 본다.

경연에 납시었다. 전경典經 홍언충이 아뢰기를,
"성학聖學이 고명하시지만, 옛날 위衛 무공武公은 나이 90에도 오히려 나라에 잠계箴戒하였고, 공자는 이르기를, '나에게 수년을 더하여 『주역』의 배움을 마치도록 하였으면 거의 대과가 없었을 것'이라 하였으니, 위 무공은 비록 늙었을지라도 그 학문을 폐하지 않았고 공자는 성인이지만 그 말씀이 이러하였습니다. 그렇다면 학문은 고명하다 하여 간단하지 못하는 것이니, 상의 미녕未寧하심을 신 등도 또한 알고 있사오나 혹은 군신群臣을 대하거나 혹은 근신近臣을 불러 치도를 강론하시면 학문이 날로 고명해지실 터입니다. 학문은 다스리는 근본이니, 근원이 맑으면 흐름도 맑으므로 조금도 간단이 있어서는 안 되옵니다" 하였고,

또 시독관 한형윤이 아뢰기를,

"경연은 작철作輟할 수 없으므로 상체가 미령하시면 편전에서 어시고 오래 폐하지 마옵소서" 하였더니,

왕이 답하지 않았다.

당시는 무오사화 이후로 연산군의 난정이 더욱 심해진 때였다. 그는 주색과 사냥에만 빠져들었고, 신하들의 직언직간은 모두 자기를 비방하는 것이라고 생각하여 아예 경연마저 폐하려 들었던 것이다. 그런데 홍언충은 부친 허백정이 그랬듯이 경연을 폐하지 말 것을 간곡히 간하고 있다. 부자가 같은 때에 함께 직언직간을 하는 모양새이다. 결국 화도 그들에게 함께 닥치게 된다.

그가 1차로 화를 당하게 된 것은 손녀딸의 문제로 인한 부친의 불경죄에 연루되어서이다. 이때 그는 진안으로 유배형이 내려졌다. 그 일자가 실록에는 1504년 5월 27일로 적혀 있다. 그런데 사흘 뒤 그는 또 다른 사건에 연루된다. 연산군은 5월 30일 궁중의 일을 함부로 짐작하여 간한 자를 아뢰게 하면서, 승정원에서 상소했던 사람의 명단을 적어 올리라는 명을 내린다. 이 명단

속에 다시 그의 이름이 오른 것이다. 이에 연산군이 "외방에 있는 자는 잡아오고 서울에 있는 자는 빈청賓廳으로 잡아다 국문하되, 만일 실지대로 진술하지 않으면 형장 심문하라"라는 명을 내리니, 다시금 국문이 시작되었으며 장 1백의 형벌이 가해졌다. 그리고 바로 6월 15일 도우였던 박은이 죽임을 당하고, 나흘 뒤인 6월 19일에는 의금부에서 박은의 종을 국문하여 그와 친하게 지내던 사람들을 지명하게 하였다. 이때 홍언충과 더불어 이행李荇, 정희량鄭希良 등이 지목되었는데, "모두 장 1백으로 결단하여 배소를 분정하되, 이미 배소를 분정한 자는 잡아와서 장 2백으로 결단하여 배소로 도로 보내도록 하라"라는 명이 떨어졌다. 그리고 10월 22일에 홍언충 등을 "먼 변방으로 축출하여 영영 다시 돌아오지 못하도록 하라"라는 명이 더해졌다. 이로 볼 때 그는 진안에 유배되자마자 바로 승정원상소사건에 연루되어 소환되었으며, 갖은 고초를 겪은 끝에 더 멀리 거제도로 유배를 갔던 것이다. 김안로金安老(1481~1537)가 지은 야담집 『용천담적기龍泉談寂記』에서는 국문 받을 때의 참혹한 상황을 다음과 같이 적고 있다.

연산군이 옛날 그 어머니의 폐비 문제를 의논하였던 신하를 추죄追罪할 때 대간이나 시종으로 있던 사람들 중 옥에 갇히지 않은 사람이 드물었다. 여러 날 동안 어전에서 고문을 받았는데, 직경 홍언충도 죄수들 속에 있었다. 고문을 받고 업혀 나와 감옥 담장 밖에서 잠깐 쉬고 있을 때 그 옷이 피로 물들여진 것을 보고 내가 측은해하며 "참혹하도다" 하였더니, 직경이 말하기를 "이것은 홍문관의 물이 든 것이다"라고 하였다. 홍문관이 이 사람을 끌어넣은 까닭에 한 말로, '홍弘' 자와 '홍紅' 자의 음이 같으며 핏빛이 홍색이기 때문에 그렇게 말한 것이다.

고문을 마치고 배소로 다시 갈 때 내가 교외까지 가 보았더니, 직경이 말하기를 "평생에 학문한 화가 끝내 이 지경에 이르렀나" 하면서 매우 괴로워하는 빛이 있었다. 그래서 내가 농담으로 "만일 자네로 하여금 지혜를 없애고 학식도 없애어 향기와 악취를 가리지 못하고 콩과 조도 분간 못하는 바보처럼 되라고 한다면 자네 그렇게 하겠는가" 라고 물었더니, 직경이 고개를 가로저으며 다음과 같이 말하였다.

"어쩌겠는가? 곤란한 가운데 남이 혹 나를 알아주는 것도 학문 때문이었고 객지에서 곤란하여 주머니가 빌 때 남이 혹 도와주는 것도 학문 때문이었으며 섬에 귀양 가 있을 때 정신과 혼백이 혹 울렁거리면 문묵을 제외하고는 즐길 만한 것이 없을 것이니, 학문의 공이 매우 크다네. 그러나 내가 선악을 가리고 시비를 말한 까닭에 시기하고 미워하는 사람이 많아져서 세상의 큰 화를 입게 된 것도 진실로 이 학문 때문이었네. 내가 학문에 힘입은 것이 저렇게 많으나 병이 되고 죄가 쌓여 고초를 받고 형벌을 당하는 것도 모두 내 학문이 병들게 한 것이니, 지금은 내 몸에 있는 커다란 흠 이상으로 여기네. 물론 나를 어리석게 만들고 지각을 빼앗아서 어리석고 둔하여 한갓 먹기만 하게 한다면 서럽기가 마치 하늘에서 떨어져 뒷간에 빠진 것과 같을 것이니, 비록 백 번 넘어지더라도 내 어찌 이것을 취하겠는가. 그러나 예전에 뒷간에서 빠져나와 하늘 위의 영화를 누렸다 한들 하늘 위에 있는 자의 위태로움은 뒷간에서 안락한 것만도 못한 것이네. 내 어찌 위태로운 것을 가지고 저 편한 것과 바꾸려 하겠는가. 돌이켜 생각하면 내 몸에 지닌 것이 내 몸 밖의 큰 보배보다 더 좋은 것일세."

이에 우리는 한바탕 서로 크게 웃었다.


홍언충이 심문을 받고 있을 때 모친은 충격 속에 세상을 뜨고 부친에게는 교형이 내려졌다. 그는 이미 진안으로 유배를 갔을 때 자신의 앞날에 닥칠 운명을 생각하면서 앞당겨 자신의 만사를 지었다.


대명大明(명나라) 천하 해 먼저 떠오르는 나라에 한 남자가 있었으니, 성은 홍이요 이름은 (언)충, 자는 직(경)이라, 기껏 반생 사는 동안 우졸하게 살면서 문자에나 힘썼을 뿐. 세상에 태어나 서른두 해를 살다 끝마치니, 명은 어찌 이다지도 짧고 뜻

은 어찌 이다지도 긴가. 옛 무림茂林 땅에 묻히니, 푸른 산은
위에 있고 굽이치는 강물은 낭떠러지 아래에 있도다. 천추만
세에 그 누군가 있어 반드시 이 들판을 지나다가, 손가락 가리
켜 서성대며 깊이 슬퍼하리라.

이렇게 그는 서른두 살 젊디젊은 나이에 스스로 만사를 짓고
서 아래에다 "내 자손된 자들 중 반드시 그 어느 날엔가 내 묻힌
곳에다 작은 비 하나 세워서 이 글을 새겨 넣을 이 있으리. 그런
뒤에라야 진정한 내 자손일 것이다"라고 적어 놓았다. 비장의 감
과 비애의 정이 절절이 전해진다. 그는 이 글을 짓고 곧장 세상을
뜨지는 않았지만, 머잖은 4년 뒤 젊은 나이에 세상을 뜨고 말았
다. 슬하에 3남을 두었으나 모두 일찍 죽어 혈손마저 끊어지고,
결국 외후손들에 의해 「자만사비」가 세워졌다. 앞에서 보았듯이
도우 이행은 그의 말처럼 옛 벗이 묻혀 있는 앞 "들판을 지나다
가, 손가락 가리켜 서성대며 슬퍼하였다."
거제도로 유배를 떠날 때 그는 고향 유곡역幽谷驛을 지나 고
령高靈을 거쳐 갔던 모양이다. 유곡역에서 하룻밤을 묵으며 지은
시는 앞에서 보았으니, 고령을 지나며 지은 시 한 수를 들어 본다.

백 년의 성과 사직은 허물어진 뒤요
한 조각 강산은 전쟁한 나머지일세.

와각의 두 영웅 누가 이기고 졌는가

토끼가 세 굴 만든 것도 마침내 헛되었구나.

가을바람 들판 물에는 한가히 오리가 떴고

지나가는 나그네는 시를 읊으며 홀로 나귀를 탔구려.

어떻게 하면 한 항아리 술을 얻어 지난 일 씻고

취해서 천지를 거려로 삼을까 보다.

百年城社消磨後　　一片江山戰伐餘

蝸角兩雄誰勝負　　兎謀三窟竟空虛

秋風野水閑浮鴨　　過客詩篇獨跨驢

安得一尊澆往事　　醉憑天地作蘧廬


유배지에서 지은 「유귤도遊橘島」란 제목의 시 한 수도 옮겨
본다.


바다 밖에서 다시 바다 밖의 사람이 되매　　海外還爲海外人

비로소 신세가 다시 이웃이 없음을 알겠구나.　　始知身世更無鄰

마중 나온 이매는 새로이 서로 알고　　逢迎魅魅新相識

강산은 옛 친구를 본 듯이 친하네.　　邂逅江山舊見親

돌을 채찍질해 오토의 굴을 엿보려 하고　　鞭石擬窮烏兎窟

떼배를 타면 바로 직녀의 나루에 뜨리.　　乘槎直泛斗牛津

평생에 흥취가 원래 열은 것이 아니거니　　平生此興元非淺

무엇하러 이소 지어 초나라 신하를 배울 건가.  何用離騷學楚臣

그는 조정에 있을 때 이미 시문으로 높이 인정받았던 모양이
다. 당시 궁중에는 입춘과 단오 때 신하들 중 시를 잘 짓는 자들
을 뽑아 시를 짓게 한 뒤 첩자를 만들고 게시하는 풍습이 있었다.
연산군 8년(1502, 1월 2일조)에도 전례에 따라 시행하라는 명이 승
정원에 내려졌다. 그때 있었던 일을 그대로 옮겨 본다.

> 전교하기를, "가하다. 시 잘 짓는 김감金勘과 같은 사람 10인에
> 게 각기 칠언·오언의 율시와 절구를 각 한 수씩 짓게 하여 뽑
> 아 사용하도록 하라" 하매,
> 승정원에서 호조판서 류순柳洵, 지중추부사 홍귀달, 이조참판
> 김수동金壽童, 예조참판 채수蔡壽, 형조참판 허침許琛, 승문원
> 교감 김천령金千齡, 부호군副護軍 김전金詮, 좌랑 홍언충, 전적
> 이행의 시와 김감의 시를 모두 써서 아뢰었다.
> 승지 안윤덕이 아뢰기를, "승지 신용개申用漑는 문사文詞가 당
> 시 사람들에게 추중을 받고 있으니, 함께 시를 짓게 하기를 청
> 합니다" 하니,
> 왕이 언충의 이름을 지워 버리고 용개를 그 밑에 쓰면서, "언
> 충은 부자가 함께 지을 수 없다" 하였다. 언충은 귀달의 아들
> 이다.

그와 부친 허백정은 조정에 함께 있으면서 직언도 함께 하였는데, 이와 같이 문명文名 또한 함께 드높았다. 더 없는 명예요 영광이다. 이런 문재로 인해 그는 당대에 정희량鄭希良(1469~?, 자: 淳夫, 호: 虛庵), 이행李荇(1478~1534, 자: 擇之, 호: 容齋), 박은朴誾(1479~1504, 자: 仲說, 호: 邑翠軒)과 더불어 '문장 4걸'로 일컬어지기도 했다. 앞에서 보았듯이 이 네 사람은 단순히 문장으로만 유명했던 것이 아니라 평생을 도우로 지내며 정치적 운명도 함께했다. 모두가 시문으로 유명한 이들이니 이들 간의 시를 통한 사귐을 한번 들여다보자.

다음은 박은이 "어제 우암寓庵과 함께 술을 마시고 밤이 깊어서야 집에 돌아왔는데 택지擇之가 먼저 취헌翠軒에 와서 기다리고 있었다. 내가 너무 취해서 대화를 나눌 수 없었기 때문에 택지가 홀로 누런 국화와 푸른 대나무 사이를 배회하다가 시를 지어 꽃가지에 걸어 놓고 새벽을 알리는 북소리가 들린 뒤에야 떠났다. 이튿날 밤에 술이 깬 뒤에 국화꽃에서 시를 발견하고 적적하던 터에 홀로 웃음을 터뜨렸다. 그리고 그 시에 차운해서 택지에게 보내어 나의 태만을 사과한다"라는 장문의 제를 달고서 지은 시이다.

오늘 밤엔 애오라지 술이 깼는데          今宵聊得醒
맑은 달빛이 빈 헌함에 가득하여라.        淸月滿空軒

어떻게 하면 그대를 다시 만나서              何以逢之子
가슴속 회포를 다시 얘기할 수 있을꼬.         胸懷更細論

이행은 1500년(경신) 질정관으로 명나라에 사행하던 도중 고국의 여섯 벗들을 그리며 「불견不見」(6수)이라는 제목의 시를 짓는다. 이 속에는 당대 '문장 4걸'이 모두 포함되어 있다. 홍언충을 그리며 지은 시를 가렸다.

우암을 못 본 지도 오래로고              不見寓菴久
아득히 길은 멀어 사천 리로세.          悠悠路四千
그대 그리움이 불현듯 일어나            思君遽如許
지금도 옛 생각에 가슴 애틋하오.        戀舊尚依然
한밤 달은 시 짓는 벗에 머물고          夜月留詩友
시든 꽃은 술 실은 배에 떨어졌지.       殘花落酒船
어찌하면 전원으로 돌아갈거나           何因歸去得
이 낙으로 여생을 보내도 좋으련만.      此樂可終年

아주 재미있는 시이다. 그들은 요즘 말로 하면 그야말로 '죽고 못 사는 사이'였던 모양이다. 홍언충이 파직되어 고향 함창으로 돌아가는 길, 그냥 보낼 리 만무했다. 이행은 2수의 시를 지어 보내고, 다시 박은은 이행의 시에 차운하여 그의 낙향길에 부친다. 무척이나 부러운 모습이다. 그러나 이렇듯 뜨겁게 우정을 나누던 시절은 연산군의 포악함으로 한낱 일장춘몽으로 끝나 버리고 만다. 박은이 스물여섯 나이에 귀양지에서 죽임을 당하고 세 벗들은 그의 집을 자주 출입한 죄로 줄줄이 귀양길에 오르게 된 것이다. 이제 박은도 떠나 버리고, 거제도로 귀양 간 홍언충과 이행은 이웃해 있으면서 몰래 만나 다시 우정을 나눈다. 먼저 거제도에 귀양 가 있던 홍언충이 형 언승(자: 大曜) 및 김세필金世弼(자: 公碩)과 함께 뒤따라 거제도로 위리안치되어 온 이행의 집을 찾았다. 이행은 이 날의 만남을 몰래 시로 적어 남겼다.

| | |
|---|---|
| 해변의 산엔 늘 바람 사납더니 | 海嶠恒屬風 |
| 오늘은 봄기운이 화창도 하여라. | 是日春氣舒 |
| 세 벗이 적조했다고 탄식하면서 | 三君歎乖隔 |
| 말술 가지고 내 집을 찾았네. | 斗酒過我廬 |
| 내 집은 엎은 동이처럼 몹시 좁아 | 我廬甚覆盆 |
| 그야말로 사람이 살 곳 못 되네. | 乃非人所居 |
| 나를 위안하며 서로들 한숨 쉬며 | 唁我互興嗟 |
| 음습한 땅에 나 병들까 걱정들이네. | 懼我罹沮洳 |
| 그러나 궁한 새가 궁한 물고기 불쌍해 하는 격 | 窮鳥哀窮鱗 |
| 어찌 서로 도와줄 수가 있으리요. | 安得相吹噓 |
| 한 번 죽을 운명 이미 정해졌거니 | 一死分已定 |

| | |
|---|---|
| 잠시 더 사는 것도 나로선 넉넉해라. | 寸暑寬有餘 |
| 장부가 이러한 지경 겪지 않으면 | 丈夫不經此 |
| 그 어찌 간난을 참으로 알겠는가. | 豈識艱難歟 |
| …… | …… |
| 이런 모임 자주 갖지 말자 경계하노니 | 茲會戒數數 |
| 벼슬길에는 공무로 속박이 많은 법. | 迫束多簡書 |
| 서로 손을 잡고 돌아오는 길 모여 | 扶携取歸徑 |
| 이별을 앞두고서 아쉬워 서성이도다. | 臨別强躊躇 |

위험하니 '이런 모임 자주 갖지 말자'고 서로 다짐했건만, 앞에서도 보았듯이 이행은 홍언충의 여러 형제들이며 여러 벗들과 몰래 어울렸고, 홍언충 또한 이후에 수시로 이행과 만나 시를 주고받으면서 안부를 물었다. 그들 사이가 이러했기에 뒷날 이행은 유곡역을 그냥 지나치지 못한 채 그의 묘를 바라보며 발걸음을 옮기지 못하고 서성였던 것이다.

# 3. 무주 홍호

　　홍호洪鎬는 허백정 홍귀달의 가통을 이은 주손으로 그의 4세
손이 된다. 5세손 홍여하洪汝河와 더불어 주손에서 대를 이어 걸
출한 인물이 나오게 됨으로써 이제 허백정 가문은 반석 위에 오
른다. 한 대에 인물이 나기도 쉽지 않은데 몇 대에 걸쳐서, 그것
도 주손에서 계속 인물이 난다는 것은 결코 예삿일이 아니다.

　　홍호(1586~1646)는 자가 숙경叔京, 호가 무주無住 혹은 동락東洛
이며, 배는 장흥고씨長興高氏 경명敬命의 손녀이고 종후從厚의 딸
이다. 1606년 대과에 급제하였고, 인조반정 후 관직에 나아가 대
사간까지 지냈다. 1624년(인조 2) 그는 인조반정 때 자결한 박승종
朴承宗의 적몰한 재산을 다시 돌려줄 것을 청하는 상소를 올린 적

이 있었다. 이 일로 인해 그는 서인이 주축인 반정공신들과 대립하면서 뒷날 영변판관으로 쫓겨나는 등 힘든 관직생활을 해야만 했다. 1632년에는 주청사奏請使의 서장관으로 명에 다녀오기도 했다. 우복愚伏 정경세鄭經世의 제자이며, 문집으로 『무주일고無住逸稿』가 있다.

홍호는 선조 말년인 1606년 21세의 비교적 이른 나이로 문과에 급제하였으나 1608년 광해군이 즉위한 뒤 별다른 관직을 갖지 못하였고, 안동으로 집을 옮겼다가 1617년 마침내 태백산 아래에다 수월암水月庵을 짓고 소요하며 지냈다. 그는 인조반정 이후부터 본격적으로 관직생활을 시작하게 된다. 그가 함창 율곡에서 안동으로 이거할 때, 스승 정경세는 섭섭한 마음을 담은 편지를 한 통 보내온다.

들건대 온 집안이 동쪽으로 가서 오랫동안 머물러 살 계책이라고 하니, 이로부터 문득 복주福州 사람이 되는 것이네. 서로 간에 사랑하는 정에 있어서만 망연히 서로 멀리 이별하는 마음이 있을 뿐만 아니라 향리를 떠나감에 있어서도 반드시 감내하지 못할 정이 있을 것인바 걱정스러운 마음 그지없네. 병들어 누워 지내는 몸이라 나아가서 정을 펴면서 옛사람들처럼 서로 증처贈處하던 의리를 본받을 길 없는 것이 한스럽네. 공경하여서 잃어버림이 없으며 다른 사람과 어울리면서 공손하고 예가 있으면 사해 안 어디인들 살지 못할 곳은 없는 법이네. 그런데 더구나 복주와 우리 상주는 인근 고을이어서 벗과 친척이 두루 퍼져 살고 있으니, 그들과 환담을 나눌 수 있을 것이네. 그런즉 상주 땅에 사는 것보다 더 좋을지 어찌 알겠는가? 하고픈 말은 많으나 다 쓸 수가 없네. 마음속으로 양찰해 주기 바라네.

한편 그가 안동으로 이거한 배경에는 처 장흥고씨와 연관이 있지 않았나 하는 생각이 든다. 처 장흥고씨는 비록 전라도 출신 의병장 고종후의 딸이었지만 외가가 고성固城이씨 집안으로 안동에 집이 있었다. 고종후의 처는 임진년 왜란 때 어린 아들 둘, 딸 하나를 데리고 안동 친정집에 피신해 있었는데, 시아버지 고경명이 금산전투에서 전사하고 남편은 진주성으로 향했다는 소식을 듣고는 아들 둘을 데리고 진중으로 찾아갔다. 그녀는 남편을 만나볼 수 없게 되자 어린 아들 둘을 진중에 들여보내 부친을 만나보게 하였다. 이때 고종후는 아들 둘을 무릎 위에 올려놓고 등을 어루만지며 "나는 너희들이 이미 죽었다고 생각했는데, 지금 살아 있었는가?" 하고는 속옷을 벗어 두 아들로 하여금 부인에게 전하게 하며 작별하니, 좌우에 있던 자들이 모두 울면서 차마 똑바로 보지 못했다고 한다. 고종후는 이어 아들 둘은 전라도로 장가보내고 딸은 경상도 남자에게 시집보낼 것을 유언했다고 전한다. 고종후는 진주성이 함락되자 끝내 남강에 투신하였다. 유언에 따라 그의 딸은 경상도 출신의 홍호와 결혼하게 된 것이다. 이러한 내용은 홍여하가 쓴 부친의 행장과 남구만南九萬의 『약천집藥泉集』에 실려 있는 「이조판서에 추증된 고공高公의 시호를 청한 행장」(1708, 숙종 34)에 기록되어 있다.

홍호가 인조 즉위 후 관직생활을 하게 된 것은 이괄의 난과 관련이 있다. 이괄은 1623년 인조반정 때 큰 공을 세웠음에도 불구하고 낮은 지위가 주어지자 논공행상에 불만을 품고 반란을 일으켰다. 평안도에서 거병한 이괄은 한양까지 점령한 뒤 1624년 2월 11일 선조의 열 번째 아들 흥안군을 왕으로 추대하였다. 황급히 공주로 피신한 인조는 전국에 의병을 모으도록 했는데, 경상도지방에는 정경세를 호소사號召使로 파견하였다. 이때 정경세는 제자인 홍호를 종사관從事官으로 삼게 된다. 난이 진압된 후 홍호는 그 공으로 1624년(인조 2) 6월 정언의 관직을 제수 받았다. 문과 급제를 한 후 18년이나 지난 때이다. 문과 급제 후 얼마 안 있어 선조가 승하하였고, 북인집권기인 광해군 때에는 사실상 관직을 갖지 못하였기 때문이다.

하지만 홍호는 어렵사리 정언이 된 지 얼마 되지 않아 조야를 떠들썩하게 할 상소를 하나 올린다. 이 상소는 그가 죽은 뒤에도 두고두고 문제가 되는데, 그의 면모를 생생히 볼 수 있어 장문이지만 그대로 옮긴다.

1624년(인조 2) 7월 8일, 정언 홍호가 박승종을 적몰한 일에 대해 아뢰다

정언 홍호가 아뢰기를,

"삼가 생각건대, 성상께서는 신무神武가 고금에 뛰어나고 예지를 타고나시어 거의 어두워진 윤기倫紀를 다시 밝아지게 하고 거의 망해 가는 종사宗社를 다시 보존되게 하셨으니, 온 동토東土 수천 리에 혈기를 가진 자로서 천성으로 상도를 지키는 자라면 그 누구인들 성덕을 노래하며 칭송하지 않겠습니까? 그런데도 신은 크게 의혹되는 것이 있으니, 박승종朴承宗을 적몰籍沒한 일이 그것입니다. 승종은 전일에 탐욕이 많다는 이름이 있고 볼 만한 행실이 없었으므로 조금이라도 청의淸議를 아는 사대부는 그를 개돼지처럼 보고 방납防納을 원망하는 고을 사람은 큰 도둑이라 하였으니, 이름은 대신일지라도 그 누가 인정하였겠습니까? 신은 승종 부자에 대해서는 본디 잘 모를 뿐더러 평소 그의 사람됨을 천하게 여긴 것도 신만한 사람이 없는데 오늘날에 이르러서는 신이 유독 그에 대해서 연민의 정을 느끼게 되었으니, 이는 시비를 아는 천성에서 나온 것이라 하겠습니다. 어찌 그 사이에 사사로운 뜻이 있겠습니까?

신은 적몰한 것이 무슨 죄 때문인지 모르겠습니다. 그저 그의 탐욕 때문이었다면 어찌 사형을 당한 것으로 탐욕을 속贖하기에 부족하다 하겠습니까? 대저 혁명이 어느 시대엔들 없었겠

습니까마는 큰 것과 작은 것이 있습니다. 대기大器를 다른 사람에게 옮기는 경우라면, 당시의 임금에게 저번처럼 전에 견줄 바 없는 실덕이 있다 하더라도 위로는 삼공으로부터 아래로 백집사에 이르기까지 혹 죽어야 할 의리도 있고 혹 죽지 않아야 할 의리도 있는 것입니다. 백집사가 죽을 경우라면 소홀召忽의 죽음을 들 수 있는데, 이것은 죽지 않아도 되는데 죽은 경우라 할 것입니다. 그러나 삼공과 종반從班들로 말하면 다 죽어야 할 의리가 있으니, 왜냐하면 그 임금이 먹여 주는 것을 먹고 그 임금이 입혀 주는 것을 입으며 조석으로 가까이 모시면서 고굉股肱과 이목 노릇을 하였기 때문입니다. 그런데 위망危亡할 때에 와서는 문득 말하기를 '우리 임금에게 덕이 없어서 그런 것이니 나는 죽어서는 안 될 자이다' 라고 한다면 이것이 어찌 도리이겠습니까? 그러나 이것은 물론 의리상 그래야 한다는 것을 논한 것일 뿐으로, 능히 하기 어려운 것을 사람마다 요구할 수는 없는 일입니다. 그렇긴 하나, 신은 잘 모르겠습니다만 광해가 망할 때에 광해를 위하여 죽은 자가 누구입니까? 단지 박승종 한 사람이 있었을 뿐입니다.

사람이 자신의 목숨을 끊는 것에도 높낮이가 같지 않아서 세 등급이 있습니다. 가장 위의 단계는 성인成仁하여 의리를 취하는 것인데, 이는 천하의 의리에 대하여 실제로 옳고 그른 것을 터득한 바탕 위에서 이루어지는 것이니 본디 감히 의논할 수 없습니다. 그 다음은 강개하여 자신의 몸을 버리는 경우이고, 또 그 다음은 반드시 면할 수 없는 형세라는 것을 알고서 자결하는 경우입니다. 고금의 인물에 대해 등급을 매겨 논한다면 높낮이가 같지는 않으나 당시의 임금이 포상했던 것은 모두 같습니다. 이는 임금들이 세 등급의 구별이 있는 줄 모른 것이 아니고, 대개 천만 년 뒤에까지 신하가 되는 자들을 격동시켜 권장하려는 목적에서였습니다. 승종의 죽음은 반드시 면할 수 없는 형세임을 알고 행한 것에 가깝습니다마는, 그가 죽음에 임박하여 말하기를 '대신의 신분으로서 바르게 임금을 인도하지 못하여 오늘에 이르렀다'라고 한 것을 보면 조용히 처변하려는 뜻이 있을 뿐더러 허물을 살펴 뉘우치고 깨닫는 단서가 엿보이고 있으니, 또한 슬프지 않습니까? 따라서 반정한 처음에 승종이 포상하는 은전을 입었어야 마땅한데, 어찌 적몰하라는 명이 있을 줄이야 생각이나 했겠습니까?

신은 전하께서 '박승종의 노복은 백성에게서 나왔고 박승종의 전택도 백성에게서 나왔고 박승종의 금백도 백성에게서 나왔으니, 백성에게서 나온 것을 관가에 몰수하면 백성의 원망하는 마음을 위로하여 한때의 이목을 시원하게 할 수 있을 것이다'라고 생각하셨을 것을 본디 알고 있습니다. 그러나 전하께서는 한때의 이목을 시원하게 하는 것만을 아셨을 뿐 천만 년 뒤에까지 신하가 되는 자들을 격동시켜 권장해야 된다는 것은 미처 여유를 갖고 생각하지 못하셨습니다. 또 청렴하지 못한 것은 군자의 큰 허물이지만 여느 사람에게는 괴이할 것이 없고, 장오贓汚는 밝은 시대의 큰 죄이지만 과거에는 예사로운 일이었습니다. 이러한 의미에 대해 알고 계셨으므로 과거에 혹 이름을 깨끗하게 하지 못한 자도 모두 더러운 것까지 포용하는 도량 안에 받아들이셨는데, 유독 박승종만은 사유赦宥하는 은전을 입지 못하였으니 또한 억울한 일이 아닙니까?

옛날에 당 덕종德宗이 두참竇參을 적몰하려 하자 육지陸贄가 간쟁하였고, 현종憲宗이 양빙楊憑을 적몰하려 하자 이강李絳이 간쟁하였습니다. 두참이나 양빙은 한낱 탐욕스러운 사람일 뿐 박승종과 같은 일도 없었던 사람인데 육지와 이강 두 사람이 오히려 간쟁하였으니, 구구한 마음이 전하에게 말을 다하려는 것 역시 두 사람보다 아래에 있고 싶지 않기 때문입니다. 전하께서 신의 말에 대하여 특별히 조금 더 생각하여 주신다면 신의 뜻을 아실 수 있을 것입니다. 삼가 바라건대, 사람이 형편없다 하여 그 말까지 버리지 마시고 대신에게 의논하고 연신筵臣에게 물으시어 단연코 돌려주도록 하소서. 그러면 천만다행이겠습니다. 다만 신에게는 숙사肅謝를 게을리 한 잘못이 있으니 체척을 명하소서"

하니, 사직하지 말라고 답하였다.

이때가 갑자년 1624년으로, 4대조 허백정과 그의 아들들이 크게 화를 당했던 1504년으로부터 꼭 120년 뒤이다. 이 상소로 조정은 발칵 뒤집혀졌다. 우선 문제가 된 것은 그의 시세판단이 옳지 않다는 것이었지만, 실제로 크게 문제된 내용은 "삼공과 종반들로 말하면 다 죽어야 할 의리가 있다"라고 한 것이었다. 인조반정 후 반정공신들이 득세하여 논공행상을 하다 이괄의 난까지 일어난 상황을 보면서 그는, 그들 모두가 광해군 아래에서 관직을 누린 자들이기 때문에 윤리강상의 측면에서 보자면 차라리 쫓기다 자결한 박승종이 더 나으며, 따라서 그의 적몰한 재산은 돌려주는 것이 옳다고 주장한 것이다. 날카로운 역사적 관점과 직언직신의 후예다운 면모가 그대로 보인다.

인조는 비록 홍호의 사세판단은 옳지 않으나 사심이 없고 언로를 막지 말아야 한다는 판단에서 그를 파직시키지 않았다. 당시 홍문관직제학 조익趙翼과 교리 이윤우李潤雨, 정자 이행원李行遠 등 몇몇이 언로를 막지 말아야 한다는 임금의 뜻에 동조하였을 뿐 반정공신들이 중심인 조정의 중신들과 사헌부 등에서는 일제히 들고 일어났다. 바로 자신들을 공격하고 있다고 생각한 것이다. 이때 사간 이식李植은 자신이 홍호를 잘못 천거했다는 이유로 인피를 청하기도 하였다. 홍호는 선조 말년에 이미 문과 급제를 하였음에도 북인집권기인 광해군 때에는 관직을 지내지 않았기 때문에 당당히 이와 같이 말할 수 있었다고 본다. 일단 이 상소사건은 일단락되지만, 결국 얼마 후 그는 영변판관으로 좌천된다.

그런데 그는 대사간에 오른 뒤인 1645년에 20년도 넘은 이 사건을 또다시 거론하여 다시 한 번 조정을 발칵 뒤집히게 만든다. 아무리 생각해도 자신의 상소 내용이 옳았다는 생각이 들었던 모양이다. 여기에서 그의 인간됨을 새삼 확인할 수 있다. 그가 죽었어야 옳다고 비판한 대상은 바로 반정공신들로, 그들은 서인을 주축으로 하는, 뒷날 권력을 독식하고 농단했던 주역들이다. 따라서 그들의 후예인 송시열과 송준길 등의 글이나 실록의 졸기, 사평 등을 보면 홍호에 대한 자신들의 당파적 편견과 감정이 여과 없이 드러나 있다.

그가 뒤늦게 관직생활로 접어들자마자 이런 큰 사건이 일어났기 때문에 서인집정 아래에서 그의 관직생활은 순탄할 수 없었으며, 현달을 기대하기는 더욱 어려웠다. 그는 형조와 예조 정랑, 사예, 종부시정, 장령 등을 거쳐 1632년에는 인조 생부모의 추숭 주청사 서장관으로 명나라 사행길에 올랐다. 당시는 정묘호란丁卯胡亂(1627) 뒤여서 후금後金에 의해 육로가 막힌 상황이라 바닷길을 택하였다. 그는 종형인 선천공宣川公 홍인걸洪仁傑(1581~1639)을 군관자제 자격으로 대동하는 것을 윤허 받아 험난한 사행길에 큰 도움을 받았다. 바닷길을 택한 덕에 그는 산동 곡부의 궐리闕里에 들릴 기회를 갖게 되어 공자사당을 배알하였으며, 북경으로 가서는 제독이던 연성공衍聖公(宋 仁宗 때 공자 자손에게 내린 세습작호) 공윤

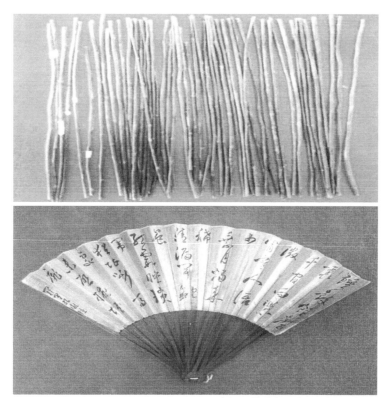

연성공 공윤식이 준 시초 51경과 부채(扇子)

식孔胤植으로부터 51경莖의 시초蓍草와 친필을 얻어 오기도 했다. 뒷날 홍여하는 이 시초를 보고「영시가靈蓍歌」를 짓고 발문을 썼으며, 식산息山 이만부李萬敷는「시초지蓍草識」를 지었다. 홍호는 언관을 지내면서 직간한 권도權濤를 처벌하는 것은 불가하다는 것과, 7년 동안이나 비워 두었던 경연을 다시 열 것을 청하기도 하였다. 중국 사행을 다녀온 뒤 그는 좌우 부승지를 거쳐 1644년 대사간에 올랐다. 같은 때 이식은 대사헌에 제수되었다.

그는 택당澤堂 이식李植(1584~1647)과 도우로서 지냈다. 이식은 일찍이 홍호가 문제의 상소로 인해 파직될 위기에 처했을 때 자신이 적극적으로 나서서 막아 주었음을 문집 속 「서후잡록敍後雜錄」에서 밝히고 있다. 다음 시는 그가 서호정사에서 여러 벗들과 어울리면서 홍호가 수창한 시에 차운한 것이다.

| | |
|---|---|
| 홍애자여 한 번 물어봅시다 | 爲問洪厓子 |
| 도대체 어느 해에 해산에 쫓겨 왔소. | 何年謫海山 |
| 황종이 와부와 뒤섞여 있게 되자 | 黃鐘混瓦釜 |
| 의관 더럽혀질까 사양하고서, | 章甫謝斕斑 |
| 끝내는 숙원인 산골에 숨으려고 | 丘壑終成契 |
| 풍진 털어버리고 문득 돌아왔구려. | 風塵倦却還 |
| 초은부 한 편 지어 드리고 싶소마는 | 欲題招隱賦 |
| 운무 자욱한 관문 찾아갈 길 없소그려. | 無路訪雲關 |

그는 또 남쪽 고향으로 돌아가는 홍호를 전송하며 시 한 수를 전한다.

| | |
|---|---|
| 세모에 이렇게 이별하다니 | 歲暮此爲別 |
| 벗님의 심정이 또 오죽하겠소. | 故人情若何 |
| 처와 자식 데리고 도성을 떠나서는 | 携挈去京洛 |
| 눈보라 뚫고서 산과 강을 건너시리. | 犯雪渡關河 |
| 그래도 일찍이 좋아했던 시서가 있을 테고 | 夙好詩書在 |
| 걱정스러운 이 시대에 밭농사도 괜찮은 일. | 時憂畎畝多 |
| 풍진 속에 남아 있는 이 늙은이 한 번 보소 | 風塵餘一老 |
| 일만 가지 일 속에서 귀밑머리 다 셌다오. | 萬事鬢雙皤 |

이식의 고조高祖가 바로 허백정의 아들들과 도우로 지냈던 이행李荇이다. 세교의 아름다움을 전하기 위해 위의 시들을 가려 보았다.

# 4. 목재 홍여하

홍여하(1620~1674)는 자가 백원百源, 호가 목재木齋 또는 산택재山澤齋이다. 대사간 홍호의 둘째 아들로 태어났으며, 가통을 이어 허백정 홍귀달의 5대 주손이 되었다. 어릴 적 서울에서 우복愚伏 정경세鄭經世를 배알한 적이 있으며, 14세 때 모친 고씨高氏의 상을, 27세 때 부친상을 당하였다. 35세(1654, 효종 6) 때 생원진사시와 식년 문과에 합격하였다. 37세 봉교奉教로 있을 때 송규렴의 반대를 무릅쓰고 이상진과 이원정을 추천한 일로 파직되었으며, 다시 그해 응지상소應旨上疏를 올렸다가 고산도찰방高山道察訪으로 쫓겨났다. 40세(1659, 현종 즉위년) 때 경성판관鏡城判官으로 있으면서 응지상소를 올려 북방 군정의 폐단 및 이후원李厚源의 붕당

행태를 지적하였다가, 이것이 자신을 배척한 것이라고 여긴 이조판서 송시열宋時烈이 상소한 뒤 사직하는 사건이 일어났다. 당시 서인 측에서 이 상소가 윤휴尹鑴 등의 배후조종으로 이루어진 것이라고 보아 문제를 삼게 되면서 그는 당쟁 속으로 휘말려 들고 만다. 마침 이때는 바로 제1차 예송禮訟이 터진 시점이기기도 했다. 41세(1660, 현종 1) 때에는 병마사 권우權堣의 일을 문제 삼았다가 파직된 뒤 충청도 황간黃澗으로 유배되었으며, 얼마 후 풀려나 고향인 함창 율곡으로 돌아왔다.

율곡으로 돌아온 후 홍여하는 산택재山澤齋를 짓고 학문 연구와 저술에 매진하였다. 51세 때 예천 북쪽 복천촌福泉村에 존성재尊性齋를 짓고 잠시 이거하였다가 53세 때 다시 율곡으로 돌아왔다. 55세(1674) 때 숙종이 즉위하여 병조정랑과 사간의 관직이 내려졌으나 병으로 나아가지 못하고 세상을 떴다. 예천의 흑송리에 장사 지냈으며, 뒷날 율곡리로 이장하였다. 처음 묘갈명은 권유權愈가 지었으며, 이장 후 묘갈은 계당溪堂 류주목柳疇睦이 지었다. 1689년(숙종 15) 갈암葛庵 이현일李玄逸의 주청으로 통정대부 부제학에 추증되었다. 1693년 근암서원近嵒書院에 배향되었다. 문집으로 『목재선생문집』이 있다.

홍여하는 20세 이전에 『고려사高麗史』를 『좌전左傳』의 예에 따라 정리한 뒤 20세 때 『휘찬여사彙纂麗史』 범례를 짓고서 편찬을 시작하였다. 27세 때 「사서발범구결四書發凡口訣」을 지었고, 경성판관 시절에 「천군天君」과 팔잠八箴을 지었다. 유배에서 풀려나 율곡으로 돌아온 뒤에는 「명명덕찬明明德贊」, 「존성재기尊性齋記」 등을 지었고, 53세 때 『동국통감東國通鑑』을 산절하여 『동국통감 제강東國通鑑提綱』(일명 『東史提綱』)의 범례를 만들고 편찬을 시작하였으나 완성을 보지 못하였다. 그리고 『해동성원海東姓苑』도 편찬하였다.

1659년(현종 즉위년) 5월 경성판관으로 있을 때 올린 응지상소(정식 명칭은 「應求言敎疏」)가 일대 파란을 일으키면서 그의 삶은 당쟁의 소용돌이 속으로 빠져든다. 『국조보감國朝寶鑑』(권39, 현종조 1)에 실린 내용을 옮겨 본다.

> 송시열을 이조판서 직에서 해임시켰다가 금방 다시 제수하였다. 그때 경성판관 홍여하가 선왕조의 구언求言에 응하여 상소하면서, 국경 방어가 허술한 점, 형상刑賞이 맞지 않은 점, 시비가 공평하지 못한 점 등을 들어 말하고 또 이르기를,
> "이후원李厚源은 논의를 하면 한쪽 편만 드는 것이 주장이고, 일처리는 남보다 유별나게 하려고만 합니다. 홍우원洪宇遠의 상소 내용은 비록 걸맞지 않은 비유를 끌어냈다고는 하지만 그래도 그것이 임금 사랑하는 충성심에서 한 말인 만큼 당연히 따뜻한 유지를 내리고 옛날과 똑같이 대우했어야 하는데, 이조가 후보자 추천을 하면서 절반 이상은 사를 썼던 것입니

다. 그리고 춘방春坊의 기구증설 같은 것은 원래 보도輔導를 목적으로 한 것인데 나이 젊은 음관을 대뜸 자의諮議 물망에 올려놓아 보기에만 좋을 뿐이지 실지로 주는 효과는 없어 그야말로 현자를 우대하고 청렴한 기풍을 조장하는 길이 아닙니다.

붕당의 화는 그것이 오늘날 병근이 되고 있어 학술이 분열 상태에 있습니다. 그것은 중국도 마찬가지여서 가정嘉靖·융경隆慶 이래로 1백 년 가까이 사론士論이 팽팽히 맞서 있지만, 그러나 그 영향이 조정에까지 미쳐간 일은 일찍이 없었습니다. 그런데 우리나라는 그렇지 않아, 각기 기치를 내세운 것은 순수한 의견 차이 때문이지만 실지 내심은 명예나 이해관계를 다투면서 다르다 같다를 암암리에 조종하기도 하고 또 아주 터놓고 배제하거나 응원하기도 하는 것입니다. 그렇기 때문에 경박한 무리들은 용기를 뽐내며 먼저 기어오르고, 한쪽만 아는 꽉 막힌 무리들은 죽어도 제것만 옳다고 하고 있습니다"

라고 했는데, 그 내용은 시열을 두고 한 말이었던 것이다.

그의 상소가 특히 문제된 것은 당시 붕당의 폐해를 지적하면서 구체적인 인물로 이후원을 거론한 점이다. 그런데 이후원은 우암 송시열의 서인 일파들과 긴밀한 관계에 있었기에, 당시 이조판서로 있던 송시열은 그 상소가 자신을 향하고 있다고 생각하여 사직을 청하는 소동을 일으키게 된다. 바로 같은 때에 효종이 승하하여 계모의 복상 문제로 송시열과 윤휴가 대립하는 이른바 제1차 예송이 한창 진행 중이었다. 따라서 두 사건은 한데 묶이게 되고, 송시열과 그 일파들은 홍여하의 상소가 윤휴 등 남인의 사주를 받아 올라온 것이라고 생각하였던 것이다. 이렇게 그 상소가 일파만파를 일으키면서 그의 삶은 당쟁의 한가운데로 빠져들고 만다. 그의 삶은 부친 홍호의 전철을 그대로 밟게 되고, 그의 집안은 영남 남인의 대표적인 위치에 서게 된다. 부친 홍호가 기세등등하던 인조반정의 반정공신들을 직접 겨냥하였고 그 또한 서슬 퍼렇던 서인의 영수 송시열을 걸어 붕당의 폐해를 지적하였으니, 자신들의 삶이며 가문의 앞날이 평탄했을 리 만무하다. 그러나 역사적으로 볼 때 그들이 올린 상소 내용이 그렇게 틀린 것은 아니었다. 그리고 그들이 당파적 관점에서 당쟁을 불러일으키려고 그렇게 했던 것도 아니었다. 그들은 직신의 후예답게 현실을 직시하며 직언을 하였을 뿐이다. 오히려 서인 측에서 그들을 그렇게 몰고 갔다고 보는 것이 더 옳을 것이다.

　홍여하는 17세기 후반 영남 남인의 대표적인 정치가이기도 했지만 역사가로서 더욱 유명하다. 그의 대표적인 역사 저술로는 『휘찬여사』와 『동국통감제강』, 『해동성원』 등이 있다. 『동국통감제강』은 고조선부터 삼국시대까지, 『휘찬여사』는 고려시대의 역사를 담고 있다. 그는 당시 학자들이 중국의 역사에만 관심이 있음을 지적하면서 우리나라 역사에 관심을 두어야 함을 주장하였다. 그는 동향 선배인 활재活齋 이구李榘에게 보낸 편지에서 다음과 같이 말하고 있다.

대개 우리나라의 역사는 문장이 비속하고 우아하지 않아서 선생들이 입에 담기를 수치로 알고 거의 말하지 않습니다. 태사공(사마천)이 말하는 삼황 이상의 일들뿐입니다. 역사가의 문장은 깨끗해서 애매하지 않고 깔끔하게 맺어져야 법도에 조응하여 비로소 읽을 수 있는데, 신라와 고려의 역사는 번잡해서 사람들이 반도 안 읽고 하품을 하고 졸게 됩니다. 역사서가 있어도 읽지를 않는다면 없는 것이나 마찬가지입니다. 군주도 가져다 보지를 않고 경연하는 신하들도 읽으라고 권하지 않으니, 정말 제대로 나라를 경영하는 도리가 아닙니다.

여기서 말하는, 우리나라 역사에 관심을 가지고 제대로 된 역사서를 편찬해야 한다는 생각은 그가 젊은 날부터 가졌던 이상이며 『휘찬여사』와 『동국통감제강』을 짓게 된 까닭이라고 보아도 무방하겠다. 조선시대의 대표적 역사가인 순암順菴 안정복安鼎福이 붙인 『동국통감제강』 서문을 통해 홍여하의 사관과 저술의 내용 및 역사적 위치를 가늠해 본다.

선생이 일찍 말하기를 "도道의 전체全體는 비록 경經에 있지만 대용大用은 실로 역사 기록에 있다. 역사 기록이란 선한 사람을 기리고 악한 사람을 깎아내리며 선을 권면하고 악을 징계하는 것인데, 우리나라 역사 기록은 보잘 것 없는 것이 너무 많으니 이것이 탄식할 일이다"라고 하고, 정인지鄭麟趾의 『고려사』를 가져다가 번거로운 것을 깎고 요지되는 것만을 간추려 이름을 『휘찬여사』라 하였다. 나중에 또 말하기를 "김부식金富軾의 『삼국사기』는 다만 고기古記의 편린들만 고증을 삼아 소략하고 잘못되어 전혀 사법史法이 없고, 『동국통감』은 조금 취할 만하지만 논의할 곳이 많다" 하고, 거기에다 수정을 가하여 주자朱子의 강목綱目의 예에 따라 이름을 『동국통감강목』이라 하였다. 이 책은 의당 『동국통감』처럼 고려 말에서 끝나야 하는데 삼국에서 그쳤으니, 아마도 완성되지 못한 책인 듯하다.

이제 이 책을 읽어 보니 차례와 절목이 모두 법도가 있다. 기자箕子에서 시작하여 정통의 머리를 삼고, 마한馬韓으로써 뒤를 이어 위만衛滿의 침략함을 배척하고, 마한이 망하기 전까지는 삼국의 임금에 대해 모두 신하의 예를 쓰고 왕으로 일컫지 않았으니, 이것은 실로 사가의 정례定例이다. 계통이 바로잡히면 참위僭僞가 자연 분간이 되고, 참위가 분간이 되면 명의名義가 정해지는 것이니, "『춘추』가 쓰임에 난신적자가 두려워했다"

는 것은 명의가 정해져서 그런 것이 아니겠는가.

『동국통감제강』은 전 7권으로, 주요 내용은 은태사기殷太師記(箕子)와 기준기箕準記, 삼국기三國記(신라 및 부 고구려, 백제), 신라기新羅記로 되어 있다. 범례를 보면, 공자가 쓴 『춘추』의 예를 따르며, 우리나라 역사는 은태사인 기자로부터 시작하고, 기자를 이은 것은 기준이라 하여 위만을 제외시켰으며, 기준이 마한을 세웠으니 마한이 그 뒤를 잇고, 삼국 중 신라가 역년歷年이 가장 오래되고 통일하였으므로 신라를 주로 세우고 고구려와 백제를 부로 삼았다. 역사 정통론적 시각이 분명하게 나타나 있음을 볼 수 있다.

『휘찬여사』는 총 47권으로 목록, 범례와 세가, 지, 열전으로 구성되어 있으며, 기전체紀傳體의 서술 방식을 따르고 있다. 『고려사』(총 139권)와 비교해 보면 권수로는 3분의 1 정도 분량으로,

『동국통감제강』 목판

범례에서는 『고려사』에다 10분의 1 정도를 더하고 10분의 6 정도를 뺐다고 적혀 있다. 『휘찬여사』도 『동국통감제강』과 마찬가지로 『춘추』의 예를 기본적으로 따랐는데, 두드러진 점은 외이전外夷傳을 두어 일본전과 거란전 등을 새로 포함시킨 것과 열전에 비중을 두고서 가감을 많이 한 것이다.

홍여하의 이러한 역사 관련 저술은 그에게 당대 최고의 사가로서의 위상을 갖게 해 주었다. 또한 이것은 도학의 분위기가 압도한 영남 퇴계학파 안에서는 특이한 일로, 퇴계학파 안에서의 그의 위상을 더욱 돋보이게 해 주었다. 그렇다고 퇴계학파 안에서의 그의 위상이 역사학 방면에만 있는 것은 아니다. 그는 철학 방면에서도 중요한 위치를 차지하고 있다.

16세기 후반 영남 유학계는 좌도의 퇴계退溪 이황李滉과 우도의 남명南冥 조식曹植이 주도하였으며, 그들 사후 17세기 전반으로 접어들면서부터는 퇴계학파와 남명학파가 분립하는 가운데 퇴계문하에서는 월천月川 조목趙穆과 서애西厓 류성룡柳成龍 간, 남명 문하에서는 내암萊菴 정인홍鄭仁弘과 한강寒岡 정구鄭逑 간에 균열이 일어나면서 정치적으로도 대립하게 되었다. 그러다가 인조반정 후 북인세력이 몰락하면서 영남 일대는 범퇴계학파로 서서히 재편되어 갔다.

이황 사후, 그리고 그의 문하 제자들이 거의 다 세상을 뜬 17세기 전반에 이르면 그의 재전이자 서애 류성룡의 고제인 우복 정경세가 안동, 상주 일대의 퇴계학파를 주도하게 되며, 학봉鶴峯 김성일金誠一과 서애 류성룡, 한강 정구 문하에 두루 나아간 경당 敬堂 장흥효張興孝도 중심적 위치에 서게 된다. 서애의 학통은 당시 정경세와 함께 서애의 아들 수암修菴 류진柳袗으로도 전해져 뒷날 입재立齋 정종로鄭宗魯와 계당溪堂 류주목柳疇睦 등이 그 학통을 잇게 된다. 장흥효의 학통은 외손인 존재存齋 이휘일李徽逸과 갈암葛庵 이현일李玄逸로 이어져 간다.

홍호와 홍여하가 살았을 무렵인 17세기 중후반은 아직 병파 屏派(류성룡)와 호파虎派(김성일)가 분립하지 않은 때여서 그들은 당시 퇴계학파의 중심인물들과 지연 및 혈연, 학연, 당파 등으로 두루 깊은 관계를 맺는다. 바로 홍호가 정경세의 문하에 나아갔고, 정경세는 홍귀달의 『허백정집』 서문을 지었다. 홍여하는 이황과 류성룡의 찬, 장흥효의 묘갈, 류진과 이휘일의 행장 등을 지었고 이현일은 그를 적극 높였다. 또 정경세는 홍여하의 『휘찬여사』를 교정하고 서문을 지었으며, 뒷날 유주목은 홍여하의 묘갈을 지었다. 이렇게 볼 때, 홍여하는 17세기 전반에서 후반 갈암 이현일로 이어지는 퇴계학통의 중심적 위치에 서 있었다고 볼 수 있다.

홍여하의 대표적인 철학 관련 저술로는 「독서차기讀書箚記」와 「명명덕찬明明德贊」, 「존성재기尊性齋記」, 「제양명집주자만년정론후題陽明集朱子晚年定論後」 등을 들 수 있다. 이 가운데 「명명덕찬」의 내용을 옮겨 본다.

격물格物은 명덕明德의 통함(通)이요, 치지致知는 명덕의 충만함(充)이요, 성의誠意는 명덕의 충실함(實)이요, 정심正心은 명덕의 곧음(貞)이요, 수신修身은 명덕의 이룸(成)이요, 제가齊家는 명덕의 실행(行)이요, 치국治國은 곧 명덕의 드러남(發)이요, 평천하平天下는 곧 명덕의 두루 미침(達)이다. 명덕의 통함은 경敬으로써 그것을 관철하고(徹), 명덕의 충만함은 경으로써 그것을 다하고(盡), 명덕의 충실함은 경으로써 그것을 채우고(實), 명덕의 곧음은 경으로써 하나같이 하고(一), 명덕의 이룸은 경으로써 그것을 밝히고(明), 명덕의 실행은 경으로써 그것을 드러나게 하고(形), 명덕의 드러남은 경으로써 그것을 더하고(翼), 명덕의 두루 미침은 경으로써 그것은 두터이 한다(篤). 그러므로 명덕을 밝히는 것은 강령 중에서도 하나의 큰 강령이며, 경은 처음부터 끝까지 관철되어 성인聖人의 공업功業을 완성하는 것이다.

여기에서 그는 『대학』의 팔조목, 곧 격물, 치지, 성의, 정심, 수신, 제가, 치국, 평천하가 모두 '명명덕' 곧 명덕을 밝히는 하나의 구체적 내용이라고 하면서 '명명덕'이 바로 '강령 중의 대강령'이요 『대학』은 '명명덕' 하나를 위한 책이라고 말하고 있다. 그가 모든 공부 과정과 내용을 '명명덕'에 귀일시키려 했으며 '명명덕'을 모든 공부의 근본과 중심에 두려 한 점, 그리고 명덕을 밝히는 것은 모두 경을 통해야만 한다고 생각하여 격물도 경을 통해 명덕을 밝히는 것이요, 치지도, 성의도, 정심도, 수신도, 제가도, 치국도, 평천하도 모두 그렇다고 한 점은 퇴계심학退溪心學과 깊은 관련성이 있으며, 이를 한 걸음 더 전개시킨 것이라고 볼 수 있겠다. 또한 그는 「존성재기」와 「제양명집주자만년정론후」에서 상산학과 양명학을 비판함으로써 이황에서 류성룡으로 이어지는 육왕학 비판의 전통을 다시 이어 갔다.

# 제4장 종택과 유물 및 유적

# 1. 종택과 사당

## 1) 허백정종택과 애경당

    문경시 영순면 율곡리에 소재한 허백정종택은 지어진 지가 얼마 되지 않는다. 현재 집을 지키며 살고 있는 대종부(17대 斗榮의 처, 80세)가 결혼해 왔을 무렵인 6·25전란 중 시가는 지금의 장소에 있지 않았고, 다른 동네에 잠시 머물러 사는 상황이었다. 대종부는 결혼 후 곧장 남편 두영과 상의하여 이곳 율곡리로 돌아와서 허백정 사당 바로 옆에다 자그만 살림집을 마련해 살았으며, 1970년대 초 조금 옮겨 지금의 위치인 사당 아래쪽에다 살림집을 확장하여 지었다. 그리고 올해 봄 본채 옆에다 사랑채를 덧붙여 짓고 담장을 새로 둘러 깨끗하게 정비하였다.

　허백정 집안이 처음 율곡에 터를 잡은 것은 1489년 경이었다. 허백정은 원래 함창읍 여물리에서 태어나 자랐는데, 관직생활 중인 52세 때 부친 효손孝孫이 세상을 뜨자 현 위치의 묘소(허백정 묘소 바로 위, 이미 모친의 묘소가 여기에 있었음)에다 모시고 작은 초가를 지어 시묘살이를 하며 삼년상을 치렀다. 그는 시묘살이 하던 작은 초가에다 "대개 모친을 섬기는 것은 애愛를 주로 하고, 부친을 섬기는 것은 경敬을 주로 한다"는 의미에서 애경당愛敬堂이란 당호를 붙였는데, 그 기문은 지금 그의 문집 속에 전하고 있다. 시묘살이를 마친 뒤 그는 곧장 복귀하여 내내 관직을 지내다가 연산군에게 화를 입어 끝내 세상을 뜨고 말았다. 따라서 허백정 생전에는 율곡에 허름한 초가였을 애경당을 장만한 것 외에는 따로 집을 마련하지 못하였던 것으로 짐작된다.

　허백정의 유해는 중종반정 후 아들들이 수습해 와서 선고의 묘소 아래에 안장하였는데, 그 뒤 언제 율곡에 종택이 지어졌는지는 분명치 않다. 그의 맏아들 언필彦弼은 일찍 죽었고, 나머지 네 아들들은 그의 사건에 연루되어 거제도로 유배되었다가 중종반정으로 풀려났지만 집안 상황은 여전히 좋지 않았다. 가통을 이어야 할 둘째 아들 언승彦昇은 거창현감 등을 지냈지만 그의 두 아들이 기유년己酉年(1549) 사화에 연루되어 죽음으로써 대마저 잇지 못하였고, 넷째 아들 언충彦忠은 유배에서 풀려난 뒤 관직이

주어졌지만 건강이 좋지 않아 그만 세상을 뜨고 말았으며 그의
세 아들마저 일찍 세상을 떠서 역시 대가 끊겼다. 셋째 아들 언
방彦邦과 다섯째 아들 언국彦國은 강상윤리를 어겼다는 무고로
힘든 시간을 보냈으며, 언방의 맏아들 완琬도 아들이 없어 언국
의 손자인 종질 덕희德禧를 입양한 터였다. 아직 가통조차도 제
대로 정돈되지 못한 혼란스런 상황이었다. 사정이 이러하다 보
니 허백정 아랫대에서도 제대로 된 종택 마련은 어려웠을 것으
로 생각된다.

복잡했던 가계계승이 허백정의 막내아들인 다섯째 언국으
로 일단 정해지고 그의 맏아들 경삼景參에서 덕록德祿으로 대가
이어지면서 비로소 종가가 마련되었을 것으로 짐작이 되는데, 다
시 아랫대인 호鎬에 이르러 문제가 생겨났다. 그가 가족을 이끌
고 처가가 있는 안동으로 이거해 버린 것이다. 결국 율곡에 옛집
이 있었다고 해도 제대로 보전되지는 못했을 것이다. 다행히도
호의 아들인 여하汝河가 만년에 율곡으로 집안을 옮겨 오지만 이
마저도 여의치 못해, 그의 생전에 집이 불타 버리는 사건이 발생
하고 만다. 그리하여 허백정종가는 반듯한 집을 다시 세우지 못
한 채 300여 년의 시간을 보내게 되었던 것이다. 불탄 종가 터는
현 종택의 바로 뒤쪽에 있는 밭 일대로 추정된다.

## 2) 사당

허백정 사당은 종택 바로 위에 힘든 지난 시간을 말해주는 듯 잣나무 한 그루와 함께 덩그러니 서 있다. 옛날 종택이 이 근처에 있었다는 사실도 바로 이 사당만이 말해 줄 뿐이다. 지금 사당은 옛 건물을 헐고 그 자리에 새롭게 지은 지 몇 년 되지 않는다. 옛 사당은 1870년(경오) 때 지은 것으로, 허백정의 11대손 은표殷標가 지은 상량문이 있다. 사당은 세 칸이며, 묘호는 따로 없다. 사당 내부는 칸을 구분하여 왼편 안쪽에 불천위 위패를 모시고, 오른편에는 4대봉사를 하는 치수致洙, 종헌鍾憲, 용락龍洛, 두영斗榮의 위패가 모셔져 있다.

사당과 종택

사당에서 본 종택

사당 정면

불천위 위패

# 2. 문헌 자료와 유품

## 1) 허백정 홍귀달

•『허백정문집虛白亭文集』: 문광공 허백정 홍귀달의 문집이
다. 저자의 유문을 후손들이 수습하여 고본藁本으로 가장家藏해
오다가, 외현손外玄孫 최정호崔挺豪가 구례현감으로 부임하면서
현손 홍호洪鎬로부터 이 가장본을 건네받아 전라도관찰사 정경
세의 도움으로 1611년에 간행하였다. 초간본 원집原集은 목판본
3권 3책으로 시 1권, 문 2권으로 되어 있는데, 정경세가 서문을,
최정호가 발문을 썼다. 그 뒤 헌종 때 후손 홍종구洪宗九가 남은
유문을 마저 모으고 7대손 홍대귀洪大龜(東庵公)가 작성한 연보를
붙여 속집續集 3책을 간행하려 했으나 끝을 보지 못한 채 세상을

記

醉翁養花記　兪卿遠
　　　　　　李緯
　　　　在戊昌閏餘

當一日醉睡翁遽致養花詩序示余且要其後吾性
懶平生與人交闊於尋訪與翁亦蕭氣之交也又未嘗
一至其茅見所謂養花處奈如記何客有誉與翁醉翁
於其茅者曰翁之於花木如春風之於萬物莳視焉嫌
兩目之非家食與疾病翁之手未嘗不於培摘除谷縢
吹嘘之仁無有不性命兩容色為盖甞與翁遊于其園
有花之地幾臽晉花木也紅者自者黃者紫者高者低者
雜杏先後開見兩層出或濃如張麗華之帶值或嬌如

『허백정문집』의 표지와
속면

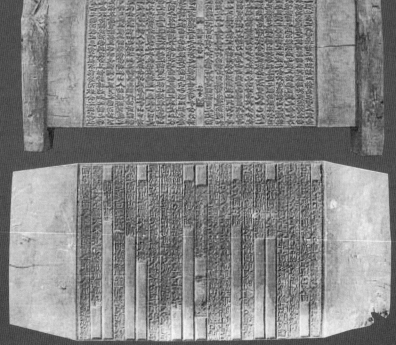

『허백정문집』 원집과 속집의 목판

梅窓素月

허백정 친필첩 표지와 친필

관대(허백정)

뜨고, 홍인찬洪麟璨 등이 그 일을 맡아서 류치명柳致明의 교감을 거쳐 1843년에 간행하였다. 이 초간본 속집은 목판본 6권 3책으로 시 4권, 문 1권 및 연보, 행장 등으로 되어 있다. 류치명이 후서後序를, 후손 홍인찬과 홍은표洪殷標가 발문을 썼다. 2012년 4월, 종가와 여러 집안에 흩어져 있던 원집 목판 총 125판을 모아 한국국학진흥원으로 이관하였다. 속집 목판은 총 107판 중 105판이 수습되어 있다.

이 밖에 허백정의 친필첩이 있으며, 관대冠帶가 유품으로 전한다.

## 2) 우암 홍언충

· 『우암집寓菴集』: 우암 홍언충의 문집으로, 저자의 딸이 가장해 오던 것을 외손서外孫婿 김우굉金宇宏이 충청도관찰사로 나갔을 때 장모 홍씨의 간곡한 청으로 청주목사 김중로金仲老에게 일을 맡겨 1582년에 간행하였다. 김우굉은 저자의 유고인 부 2편과 제문 1편, 시 200여 수에다 자신의 발문을 붙여 3권 3책의 목판본으로 간행하였다. 이 초간본은 거의 유실되어 1720년(숙종46)에 방손인 목재木齋 홍여하洪汝河의 아들 상민相民 · 상훈相勛 형제가 중간하였다. 4권 2책으로 된 중간본은 앞에다 부림홍씨세계缶林洪氏世系를 싣고 권말에 부록을 달았으며 권두경權斗經의 서

『우암집』목판

문과 홍상민洪相民의 발문이 있다. 그 후 1925년에 홍걸洪杰이 문경에서 4권 2책의 중간본 목판을 그대로 후쇄後刷하였는데, 맨 끝에 '대정십사년大正十四年'이라는 간기刊記가 적혀 있다. 목판은 총 125판인데 그 대부분이 수습되어 현재 한국국학진흥원에 이관되어 있다. 『우암집』목판은 『목재선생문집』, 『동사제강』의 목판과 함께 경북 유형문화재 제377호로 지정되었다.

### 3) 무주 홍호

· 『무주일고無住逸稿』: 무주 홍호의 문집으로, 목판 총 82판 중 72판이 수습되어 있다.
· 교지敎旨
· 논영변판관論寧邊判官
· 중국 사행(朝天) 관련 유품

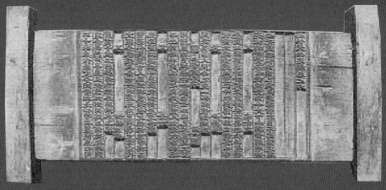

『무주일고』목판

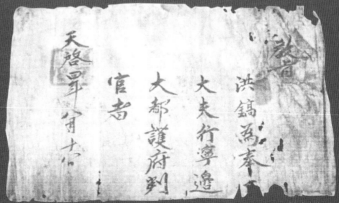

사간원대사간 교지

教旨

洪鎬爲通政
大夫司諫院
大司諫者

順治元年青三十三日

영변판관 교지

教旨

洪鎬爲奉
大夫行寧邊
大都護府判
官者

天啓四年八月十八

教旨

高氏贈淑

夫人者

崇禎七年閏月初五日

고씨 증 숙부인 교지

送
書狀官洪司藝叔京朝天

今年汲生又妄談暫為御史還圖于
此老於世百不宜且可置之太白山岩裏不
然放之洛江東扁舟欲元蘆葦叢也不
失作酣眠翁胡為驅俠去朝天航海萬
里趨出燕幽燕古多鄉俠六有朋君招
俊賢義重萬金賤恩深七不楷前看
芝鄉七段有漸離船高不如天山大愍揭
宇宙從苍一决米市遺何況夷齊聖之
清讓國歸罘栗非術名 君行一一接遭逆
俯仰千秋如痛苦堂但習其風歎好辭
其人守死執善道舍生誰進仆下視俗
鯨鰲樓德名鍾骨吳隨莉榛還膺買酒
灣河丼一洗磊磊兇之賑次知
君自此富素蓄英為賢勞惹刺吾儔餘
硯繁一隅且刮兩眶饞
君至
崇禎壬申流頭日

德水李植 稿

사행 가는 서장관 홍사예 숙경을 보내며(送書狀官洪司藝叔京朝天: 택당 이식)

筭嘻曾演 列東疆驄馬杙今堪上裏彤管初備
奇隨貢里華魯滿兒衰車到未周對燕山用歸
玄含融渤瀚自娥中原文獻廣宇蒙遺思到
胀方 闕里孔胤植書

연성공 공윤식이 준 서묵

諭寧邊判官洪鎬
今觀都體察使從
事官李敏與書啓
甫居官律己如僧
愛民如子茲賜表
裏一襲不其領受
故諭 天啓五年十月
十六日

논영변판관홍호

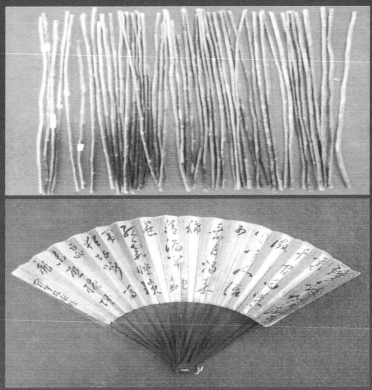

연성공 공윤식이 준 시초 51경과 부채(扇子)

## 4) 목재 홍여하

· 『목재선생문집木齋先生文集』: 목재 홍여하의 문집으로, 권유權愈의 서문 외에는 여타 기록이 없어 영정조英正祖 연간에 간행되었다는 것만 짐작할 뿐 편찬 경위나 간행 연도를 정확히 알 수 없다. 초간된 이후 수차례 추각追刻 후쇄본이 간행되었는데, 추각본들 사이에는 권수와 편차에 약간의 차이가 있다. 목재의 손자 대귀大龜가 지은 행장을 보면, 원래 갈암葛庵 이현일李玄逸과 노주蘆洲 김태일金兌一이 지은 행장이 있었는데 빠진 것이 많아 그가 새롭게 지었음을 알 수 있다. 목판 총 271판 중 종가와 여러 집안에 흩어져 있던 228장을 모아 2012년 4월 한국국학진흥원으로 이관하였다.

· 『휘찬여사彙纂麗史』: 목재 홍여하가 정인지의 『고려사』를 산절하고 일부 보태어 편찬한 책으로, 20세(1639) 때 1차로 완성을 본 뒤 계속 수정하였다. 입재 정종로의 서를 붙여 1835년 경 처음 판각하였으며, 뒷날 일부 편차를 나누어 한 차례 개각하였다. 정확한 연유는 알 수 없지만 목판(경북 유형문화재 제251호)은 200년 가까이 양산서원陽山書院(경북 군위군 부계면 남산리)에 보관되어 왔는데, 2011년 12월 같은 곳에 소장되어 있던 경재敬齋 홍로洪魯의 『경재선생실기敬齋先生實記』 41판과 함께 총 871판(『휘찬여사』 837판 중 7판 결락)의 목판이 한국국학진흥원으로 이관되었다.

『목재선생문집』 목판

   ·『동국통감제강東國通鑑提綱』(일명『東史提綱』): 목재 홍여하가
53세(1672) 때『동국통감』을 산절하고 약간의 개정과 보완을 거쳐
기전체 형식으로 편찬한 책이다. 종가와 여러 집안에 흩어져 있
던 목판 총 164판 중 133판을 모아 2012년 4월 한국국학진흥원에
이관하였다.

   · 교지

   · 통문通文

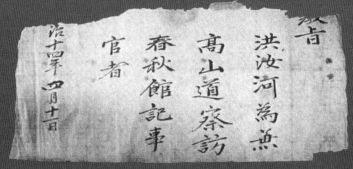

고산도찰방 교지

황씨 증 숙부인 교지

김씨 숙부인 교지

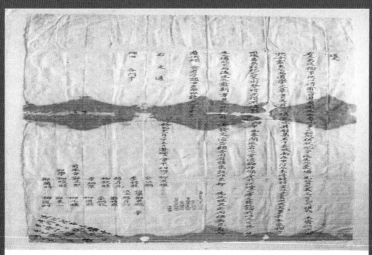

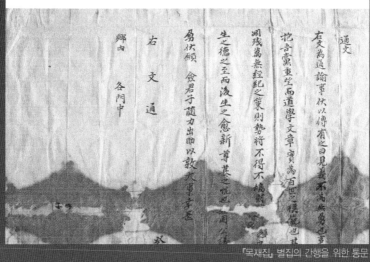

『목재집』 별집의 간행을 위한 통문

## 5) 기타 문헌과 유물

· 『자경록自警錄』: 성재誠齋 홍하량洪河量(1588~1632, 허백정 5세손)이 20세(선조 40)부터 41세(인조 6)까지 쓴 일기로, 하루하루 자신을 돌아보며 경계하는 내용으로 되어 있다. 성재는 학봉鶴峯 김성일金誠一의 외손자로 경당敬堂 장흥효張興孝에게 수학하였다. 갈암葛庵 이현일李玄逸이 그의 행장을 적고 대제학 하계霞溪 권유權愈가 묘갈명을 찬하였다. 묘소가 안동댐으로 수몰되자 함창 검부리로 이장하였으며, 이때 나온 수의가 안동대학교 박물관에 보관되어 있다. 4권 2책으로 된 『자경록』은 정조 때 교경재矯警齋 홍종섭洪宗涉과 항와恒窩 홍종구洪宗九의 교정을 거쳐 홍명주洪命疇와 홍인철洪仁喆 등이 1871년(고종 8) 주본鑄本으로 간행하였다.

· 『동암유고東菴遺稿』: 홍대귀洪大龜(1670~1731)의 문집으로 1754년에 간행되었으며, 그의 자는 국보國寶, 호는 동암東菴이며, 목재 홍여하의 손자이다. 동무지東無知에서 살면서 무지암無知菴이라는 편액을 달았다.

기타 문집 및 문헌으로 『부림홍씨세덕가缶林洪氏世德歌』(洪箕璨)와 『항와집恒窩集』(洪宗九) 등이 있고, 유물로는 선천공宣川公 홍인걸洪仁桀(1581~1639)이 하사받은 선조宣祖 어필御筆과 존영尊影 등이 있다.

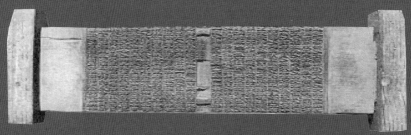

『동암유고』 목판

兩家各生子
提祢巧相如
少長聚嬉戲
不殊同隊魚
年至十二三
頭角稍相踈
二十漸乖張
淸溝映汚渠
三十骨骼成
乃一龍一豬
飛黃騰踏去
不能顧蟾蜍
一爲馬前卒
鞭

宣廟手植之詩筆不詳筆为誰
御立大夫仝伯是故
義舉仝石
玩賞改

선조 어필(문경새재박물관 소장)

# 3. 묘소와 재실 및 서원


## 1) 묘소와 재실

허백정 홍귀달의 묘소는 율곡리 종택과 작은 들을 사이에 두고 있다. 바로 위에는 부친 증 병조판서 효손孝孫의 묘가 있고, 묘소 아래로는 신도비神道碑와 재실(大齋)이 있다. 신도비문은 중종 때 대제학으로 있던 남곤南袞이 지었고, 아들 언국彥國이 글씨를 썼으며, 1535년(중종 30)에 세워졌다. 비각이 있고, 받침돌부터 머릿돌까지 전체 높이가 374cm로 비교적 큰 비석이다. 신도비는 2품 이상의 벼슬을 한 자만이 세울 수 있었다. 비석 부분에는 조각이 되어 있으며, 약간 기울어져 있다. 지나간 세월을 말해 주듯

비문의 판독이 쉽지 않다. 현재 경상북도 유형문화재 제122호(1979. 1. 25)로 지정되어 있다.

홍언방의 묘소는 문경시 영순면 율곡리, 홍여하의 묘 바로 위쪽에 있다. 배는 감천문씨甘泉文氏이다. 묘갈은 질서姪壻인 준암樽巖 이약빙李若氷이 지었다. 묘하재실로 하연재荷淵齋가 있다.

우암 홍언충의 묘소는 문경시 영순면 의곡리에 있으며, 배는 영양남씨이다. 「자만사비」가 묘소 앞에 세워져 있으며, 혈손이 없어 외손봉사를 해 오고 있다. 묘하재실로 청산재가 있으며, 경상북도 문화재자료 제483호로 지정되어 있다. 청산재는 정자의 기능까지 겸한 재실로, 고식의 영쌍창과 평면형식 등의 건축기법이 남아 있는 것으로 보아 18세기 이전의 건축물로 추정된다. 지방 사림·재사 건축의 유형 및 양식을 알려주는 편년자료로서의 가치가 있어 문화재로 지정되었다.

목재 홍여하의 묘소는 문경시 영순면 율곡리, 홍언방의 묘소 바로 아래에 있다. 원래의 묘소는 예천의 흑송리에 있었다. 현 묘소의 묘갈은 계당溪堂 류주목柳疇睦이 지었다. 목재는 낙향 후 산택재山澤齋를 짓고 강학하였는데, 지금은 거의 폐허가 된 상태이다.

허백정 묘소

허백정 묘소 뒤에서 내려다본 정경

허백정 신도비

홍언방 묘비

홍언방 묘소 전경

하연재

하연재 편액과 기문

홍언충 묘소에서 내려다본 정경(멀리 들판 사이로 영강이 흐르고 있다)

청산재

청산재 편액과 중수기문

홍여하 묘소 전경

## 2) 배향 서원

허백정과 그의 후손들 중 서원에 배향된 인물은 허백정 본인과 그의 넷째 아들 우암 홍언충, 그리고 5세손인 목재 홍여하이다.

임호서원臨湖書院은 1693년 처음 세워졌다가 대원군 때 훼철되었으며, 1989년 상주시 함창읍 신창리에 이건하였다. 처음에는 허백정과 더불어 표연말表沿沫, 채수蔡壽, 권달수權達手 4인이 배향되었으며, 뒤에 채무일蔡無逸이 추가 배향되었다. 강당과 사당(景賢祠)이 나란히 서 있다.

근암서원近嵒書院은 1665년 현 문경시 산북면 서중리에 우암 홍언충을 배향하는 서원으로 세워졌다가, 이어 이덕형李德馨, 김홍민金弘敏, 홍여하, 이구李榘, 이만부李萬敷, 권상일權相一이 추가 배향된 7인종향서원이다. 대원군 때 훼철된 후 복설되었다가 2011년 전면 중수하였다.

양산서원陽山書院은 허백정의 선향인 군위군 부계면 남산리(한밤마을)에 소재해 있다. 1711년(숙종 37), 포은圃隱 정몽주鄭夢周의 제자로서 고려조를 위해 순절한 경재敬齋 홍로洪魯(부림홍씨 9세)를 주향하기 위해 세운 율리사栗里社가 그 전신으로, 1786년(정조 10) 양산서원으로 확장 이건되면서 허백정 홍귀달과 우암 홍언충을 추가 배향하였다. 홍여하의 『휘찬여사』 목판(경상북도 유형문화재 제

251호, 1990.8.7)을 200년 가까이 보관해 오다 2011년 12월 한국국학진흥원으로 이관하였다. 대원군 때 훼철된 뒤 서당만 다시 세워 지내 오다가 2012년 현재 전면 복설 중이다.

허백정 위패(임호서원)

『휘찬여사』 목판이 보관되어 있던 경판각 내부(양산서원)

척서정(양산서원 부근)

# 제5장 종가의 제례와 생활문화

# 1. 불천위 제사의 의례와 제물

　　문광공 허백정 홍귀달의 불천위 기일은 음력 6월 22일이며, 배위 중 정경부인 상산김씨 기일은 음력 4월 21일이다. 허백정종가에서는 불천위 제사와 더불어 4대봉사를 해 오고 있다. 남편과 아들들이 줄줄이 유뱃길에 오른 충격 속에 배위 상산김씨가 세상을 뜨고 이어 같은 해에 허백정마저 교형을 받아 세상을 떴으니, 그런 만큼 두 분에 대한 불천위 제사는 의미가 남다를 수밖에 없다. 그래서 종손과 종부는 정성을 다해 제사를 받들고 있다.

　　평소 불천위 내외 신위는 4대조 신위와 칸을 구분하여 사당에 함께 모시는데, 기일에는 신위를 정침 사랑채로 모셔와 새벽 1시에 고비합설로 제사를 드린다. 제복은 안동포로 만든 도포를

입고 갓을 쓰며, 불천위 제사 때 종부는 아헌을 하지 않으므로 평
상복으로 참례한다. 이전에는 아헌을 원지파(언방) 후손이, 종헌
은 호계파(경민) 후손이, 독축은 동산파(원지파 작은집) 후손이 맡아
왔는데, 근년에는 연장자 순으로 아헌과 종헌을 맡고 있다. 제기
는 목기를 사용하며, 시접과 시저, 반기, 갱기, 탕기, 면기, 술주전
자, 잔반, 퇴주기, 종지, 대접, 접시 등의 종류가 있다. 제구로는
향로, 향합, 모사기, 소탁, 대탁, 병풍, 축판, 자리, 촛대, 관분, 교
의 등이 있다. 제사 순서는 제상 설치, 제수 진설, 신주 출주, 강
신, 참신, 초헌, 독축, 아헌, 종헌, 유식, 합문, 계문, 진다, 사신, 납

주, 철상 순이다.

제수 진설은 종손의 12대조 목재 홍여하 선생이 정한 것을 그대로 따르고 있다. 그 배치는 다음과 같다.

제수진설도(목재 홍여하 찬정)

1열: 糆, 羹, 飯, 羹, 飯, 糆

2열: 餠, 泡湯, 鉶, 鉶, 泡湯, 餠

3열: 沈菜, 蔬湯, 醓, 蒲菜, 熟菜, 佐飯 (靑東素西)

4열: 肉湯, 肉湯, 膰, 炙, 魚湯, 魚湯 (魚東肉西)

5열: 醓, 果, 果, 果, 果, 果 (栗東棗西)

제수의 종류와 내용을 좀 더 자세히 살펴보면, 먼저 도적은 익힌 것을 쓰며, 괴는 순서는 명태, 적, 고등어(조기), 닭고기, 돼지고기, 쇠고기 순이다. 탕은 이전에는 5탕을 썼으나 지금은 어탕, 육탕, 소탕의 3탕으로 올린다. 좌반은 조기를 쓰고, 포는 대구포를, 장은 청장을, 침채는 나박 물김치를 쓴다. 숙채는 고사리와 도라지 등을 두 그릇에 담아 올리고, 술은 가양주를 쓴다. 편은 본편(시루떡), 징편, 찰편, 절편, 인절미, 경단, 부편 순으로 괸 뒤 그 위에 웃기를 올린다.

허백정종가에서 특히 눈에 띄는 제수는 부편과 웃기이다. 이것은 편을 경단까지 괸 이후에 부편을 괴고 그 위에다 다시 전

편을 괴는 모습과 부편

과 조약 및 조청을 얹은 것이다. 종가에 전해 오는 얘기에 따르면
전은 해를, 조약은 달을 뜻하는데, 제사가 끝나면 영혼은 제사 음
식을 전으로 싸고 면으로 묶어 가지고 가서 같이 지내는 영혼들
과 함께 나누어 먹는다고 한다. 그러면 부편과 전, 조약을 만드는
방법에 대해 좀 더 자세히 적어 본다.

부편의 재료는 녹두, 찹쌀가루, 멥쌀가루, 콩가루, 곶감, 설
탕이다. 우선 녹두를 간 뒤 2시간 정도 물에 담가 불리고 껍질을
없앤 뒤 녹두가루를 냄비에 담아 물을 조금 붓고 소금과 설탕을
넣어 끓인다. 이어서 찹쌀과 멥쌀을 7:3 비율로 섞어 끓인 녹둣물
로 반죽하고, 콩가루와 설탕으로 속을 해서 공처럼 둥글게 마무
리한다. 그런 다음 곶감으로 고명을 얹고 20분 정도 찌고 나서 녹
두고물을 묻힌다.

전의 재료는 찹쌀가루, 멥쌀가루, 대추, 설탕이다. 역시 찹쌀
가루와 멥쌀가루를 7:3 비율로 반죽해서 둥글고 납작하게 만들
고, 가장자리를 꽃모양처럼 만들어 그 위에 대추 고명을 얹은 다
음 노릇하게 구워 설탕을 묻힌다.

조약의 재료는 찹쌀가루, 멥쌀가루, 콩가루, 설탕이다. 찹쌀
가루와 멥쌀가루를 7:3 비율로 반죽하여 속에 콩가루를 넣고 구
슬만한 크기의 반달 모양으로 만들고, 노릇하게 구워서 설탕을
뿌린다.

지금 불천위 제사에 참례하는 인원은 1~20명 정도이다.

3~40년 전 원근 각지에서 참례하여 사람들로 북적였던 것과는 큰 차이가 있다. 그때는 하루이틀씩 묵고 가는 사람들도 많았다. 이렇듯 허백정종가도 시세의 변화를 실감하고 있다. 허백정 묘소는 문중청년회가 중심이 되어 1년에 2차례, 불천위 제사 전과 추석 전에 벌초를 하고 각 파는 그 후손들이 묘소와 재사를 관리해 오고 있으며, 허백정 관련 문중 대소사는 묘소 아래에 있는 대재大齋에서 처리한다. 문중 재물은 논밭 60여 마지기, 1만 2천 평 정도 된다. 부림홍씨 함창파 화수회는 1953년에 결성된 이후 지금까지 이어져 내려오고 있는데, 예전 같지는 않은 모습이다.

# 2. 종손과 종부의 삶

     종택은 반양옥 형태로 근년에 지어졌고, 올 봄 새로 집을 단장하고 사랑채를 따로 마련하여 깔끔하다. 지금 종택에는 대종부가 상주하고 있으며, 종손 내외는 공직으로 대구에 살면서 거의 매주 종가를 찾아 관리해 오고 있다. 종손은 올해를 마지막으로 공직에서 은퇴하게 되는데, 은퇴 후에는 더 많은 시간을 종가에서 보낼 계획이다.

     먼저 대종부와 얘기를 나누어 보았다. 얘기를 나누는 중간중간에 집이 누추함과 대접이 소홀함을 거듭 말씀하시는 것에서 인자함과 함께 60여 년 넉넉지 못한 종가를 꾸려온 종부로서의 삶이 역력히 묻어 나오는 듯했다. 대종부는 인근 풍양이 친정으로 동래정씨 휘열輝烈의 따님인데, 부친께서는 안동읍장을 지내다 6·25전란 중에 미처 피난하지 못하여 무척 고생하셨다는 얘기를 들려주며 눈시울을 붉히셨다. 대종부는 올해 여든으로 전쟁 중이던 18세 때 허백정 홍귀달의 17대 종손 두영斗榮과 결혼하였다. 먼저 결혼 당시의 얘기를 좀 들려달라고 말씀드렸다.

처음 신행 올 때는 시부모님께서 지금 살고 있는 곳 말고 다른 동네 타성 집 문간채에 거우 세간 꾸리고 있었지요. 갓 결혼해서 남편한테 고향집 한번 가 보자고 해 찾았더니 집은 없고 사당만 덩그러니 있는데, 인민군하고 동네 사람들이 사당문 열어놓은 채로 책이며 책판들을 마구 끄집어내 불을 쬐고 있는 게 아닙니까? 억장이 무너지는 것 같았습니다. 그 후 죽든 살든 고향에서 사당 지키면서 살아야 한다고 남편을 졸라서 율곡으로 와 살게 되었지요. 처음에는 살림집이 없어서 허백정 묘소 아래에 있는 재실에서 좀 살다가, 사당 옆에다 조그만 살림채를 하나 마련했습니다. 그러다가 다시 사당 아래쪽으로 옮겨 새로 집을 짓고 지금까지 살고 있지요. 아마 그때가 70년대 초반쯤 될 겁니다.

남편 두영은 1987년에 세상을 뜨고, 4남 1녀 5남매를 대종부 혼자서 건사하며 지금까지 종가를 지켜 오고 있다. 지금 들은 얘기만으로도 종부란 어떤 존재이며 허백정종가의 17대 종부는 어떤 삶을 살아 왔는가를 충분히 그려볼 수 있었다. 대종부께 "종부로서의 삶이 힘들지 않으셨는지"라고 흔히 하는 질문을 던져 보았다. 돌아오는 대답은 간단하고 평범했다. 운명처럼 생각하고, 늘 종부라는 생각을 간직하면서 접빈객봉제사에 정성을 다하고, 일가친척 잘 다독거리고, 이런 것들이었다. 그러나 평범한 듯 보이는 이 일이 실은 얼마나 힘든 일인지는 누구나 잘 알 것이다. 짓궂게 며느리는 어떠냐고 몇 번이고 여쭤 보았는데, 매양 "잘합니다. 요즘 이런 며느리 없습니다"라는 대답만 되돌아올 뿐이었다.

허백정 18대 종손 홍엽洪燁 씨는 문경에서 공직생활을 하던 중 개성고씨開城高氏 시환時煥의 따님과 1979년에 결혼하였다. 슬하에 상훈과 혜경 두 자녀를 두었는데, 두 자녀는 모두 타지에서 살고 있으며 아들 상훈은 올해 성혼하였다. 종손은 결혼 한 이듬해에 대구로 옮겨 공직생활을 계속하였으며, 2012년 올해 정년퇴직을 하게 된다.

먼저 종부에게 똑같이 "종부로서의 삶이 힘들지 않으신지"라고 여쭤 보았더니, 어머님께서 다 하셨고 자신은 뒤에서 도운 것밖에 없었다면서 다음과 같이 털어 놓았다.

아무래도 종부다 보니까 해야 할 일이 많고, 말 한마디도 몇 번이고 생각한 뒤에 해야 했습니다. 내 감정 죽이고 집안에 누가 되지 않도록 자제해야 할 때도 많았지요. 그래도 당연히 해야 하고 그래야 되는 줄 알고 살아 힘들다거나 싫다는 생각은 하지 않았습니다. 시집와서 집안 살림은 줄이지 않아야겠다는 생각으로 알뜰히 살았는데, 해놓은 것은 없고 못한 일만 남은 것 같아 죄송스런 생각만 듭니다.

혹시 결혼할 때 친정에서는 종손에게 시집가는 것을 반대하지 않으셨는지, 혹 어떤 당부 말씀을 하셨는지 여쭤 보았다. 부모님께서 크게 반대하지 않으셨고, 고생할 거라면서 여자 형제들이 좀 걱정했으며, 할머니께서는 오히려 반기셨다고 한다. 그리고 남의 종가에 가면 지손들이 많을 테니 어떻게든 우애롭게 잘 지내고, 지출이 많을 테니 작은 것에서부터 아끼며, 제사를 지낼 때는 나물 한 접시라도 정성껏 차리도록 하라고 당부하셨다고 한다.

시어머니께서는 어떤 당부를 하셨는지 물어 보았다. 늘 '말을 아끼라'는 당부를 하셨으며, 어려운 시댁에 와서 종부의 책임이 중하니 건강해야 하고, 재산은 없어도 괜찮으니 식구와 형제들 간 화목하고 우애로운 것이 첫째라고 항상 말씀하셨는데, 철이 없어 제대로 실천은 하지 못한 채 살아온 것 같다고 대답하였다.

종부로서 살아오면서 보람이나 힘이 되었던 것을 마지막으로 물어 보았더니, "대부분의 큰 집안 종손종부들이 다 그렇듯이

대종부와 종부

내 몸 안 돌보고 조상과 종가를 위해 애써 왔던 것이 이제는 보람
으로 생각됩니다. 남들 앞에서는 무뚝뚝하지만 아내 대신 직접
시장엘 가서 장을 봐다 줄 정도로 자상한 남편의 마음이 큰 힘이
되었습니다"라고 속마음을 전하였다.

　　이어 종손께 질문을 던져 보았다. 먼저 어머님에 대해 어떤
생각을 가지고 있는지 여쭤 보자, 성품이 강직하고 빈틈이 없으
면서도 시원하고 지도력이 있어 종부로서의 삶을 꿋꿋이 지켜 오
실 수 있었다고 하면서 존경스럽다고 답하였다. 어머님은 종손
교육을 어떻게 시키셨는지도 여쭤 보았다. 어머님께서 평소 말

종손 내외

이는 천시를 타고 태어나는 법이라고 하시며 5남매의 맏이로서 성질 너그럽게 가지고 남의 말을 많이 듣되 자기 말은 아끼라고 가르치셨으며, 어릴 때에는 동네 친구들과도 함부로 어울려 놀지 못하게 하시는 등 무척 엄하게 키우신 것 같다고 답하였다. 이제 종부인 아내에 대해서는 어떤 마음을 갖고 있는지 여쭤 보았는데, 그동안 품어 왔던 깊은 감사의 마음을 이렇게 전하였다.

대구에서 남편과 자식들 뒷바라지하면서도 불천위나 조상 제사 때면 자식들 밥은 굶겨도 제사는 모셔야 한다며 툴툴 털고 고향으로 향하곤 했지요. 한 아이는 업고 한 아이는 걸리면서 준비한 제사 음식 보따리를 들고서도 힘들다는 소리 한 번 못 들었습니다. 제물이 아무리 무거워도 땅에 놓는 일 없었고, 집에 오면 늘 높은 곳에다 올려놓았습니다. 조상에 대한 마음가짐이 남달랐지요. 늘 대단하다고 생각해 왔습니다.

불천위 제사 등 달라진 시속에 대해 여쭤 보았다. 시속을 따라 제사를 줄여 볼까도 생각했지만 어머님께서 살아생전에는 그럴 수 없다고 못 박으셔서 대부분 전통법식을 따르고 있으며 제수의 수를 조금씩 줄이는 등 조금씩은 변화를 시키고 있지만 마음가짐은 변함이 없다고 말한 뒤, 예전에는 불천위 제사 때가 되면 참례하는 사람들로 넘쳐 났는데 지금은 1~20명이 고작이라면서 퇴직 후 집을 지키며 어떻게든 많은 사람들이 수시로 찾을 수 있도록 노력해 보겠다고 다짐하였다.

종손으로 살면서 느낀 보람과 종가가 현대사회에 어떤 기여를 할 수 있는지 한 번 여쭤 보았다. 큰 집안의 종손으로 산다는 것이 마음고생과 몸고생이야 많지만 친인척과 주변 사람들로부터 존경받는 자리여서 늘 자부심을 가지고 있으며 길흉사 때 종원들이 일사분란하게 도와주는 것도 다 선조의 음덕이라 생각한다고 털어 놓은 뒤, 불천위종가는 제례라든가 종가문화 보존을 통해 사라져 가는 전통문화를 계승하고 우리의 정신문화를 되살

리는 데 나름의 역할을 할 수 있을 것이라고 답하였다.

다음 세대에도 종가가 제대로 이어질 것인지와 함께 어떻게 자손을 교육시키고 있으며 어떤 것을 당부하고 싶은지를 여쭤 보았다.

> 인생이 이어 달리기이듯 이것도 같지 않겠습니까? 달리 특별
> 한 교육을 시킬 것 없이 우리 내외가 하는 걸 보고 듣고 자라
> 면, 다음 세대는 또 자신들의 시대 변화에 맞게 잘 알아서 이어
> 갈 것이라고 봅니다.

가정교육이 사라져 버린 이 시대에 가정교육이 무엇인지, 보고 듣고 따라하게 하는 교육이 바로 가정교육이며 최고의 교육이라는 것을 새삼 깨닫게 해 주었다.

몇 번이고 망설이다 마지막으로 여쭤 보았다. "종택이 좀?" "그게 바로 제 큰 숙제이고, 마지막 바람입니다. 일단 퇴직하고 고향에 와 살면서 능력 닿는 데까지 어떻게든 해 봐야지요. 다른 종가들 보면 사실 부럽기도 하고 부끄럽기도 하고……"라며 말을 잇지 못하였다.

## 참고문헌

『조선왕조실록』(국역본).

『승정원일기』(국역본).

『國朝寶鑑』.

『皇華集』.

『缶林洪氏世譜』.

홍여하 지음, 김현영 외 역,『국역 휘찬여사』, 군위문화원, 민속원, 2012.


金安老,『龍泉談寂記』.

金宗直,『佔畢齋集』.

南九萬,『藥泉集』.

朴　誾,『邑翠軒遺稿』.

魚叔權,『稗官雜記』.

李　植,『澤堂集』.

李裕元,『林下筆記』.

李濟臣,『淸江先生鯸鯖瑣語』.

李　荇,『容齋集』.

李賢輔,『聾巖集』.

鄭經世,『愚伏集』.

洪貴達,『虛白亭文集』.

洪箕璨,『缶林洪氏世德歌』.

洪大龜,『東菴遺稿』.

洪彦忠,『寓庵集』.

洪汝河,『木齋先生文集』.

＿＿＿＿,『東國通鑑提綱』(일명『東史提綱』).

洪河量,『自警錄』.

洪　鎬,『無住逸稿』.

부산대학교 점필재연구소 엮음, 『점필재 김종직과 그의 젊은 제자들』, 지
　　식과교양, 2011.

상주문화원, 『증보 상주문화유적』, 2002.

엄원식, 『문경의 문화유산』, 문경시청 문화예술과, 2007.

한국문화유산답사회 엮음, 『답사여행의 길잡이10 - 경북 북부』, 돌베개,
　　1997.

홍재휴, 『缶脈』, 缶林洪氏 文匡公派 宗中, 2007.